世界数学遺産ミステリー2

イギリス・フランス数学ミステリー

円と直線の蜜月、古城の満月

仲田紀夫著

黎明書房

はじめに

ロンドン直行の英国航空のせいか、乗客にイギリス人が多かった。

たまたま隣席の紳士は、イギリス人に似合わぬ人なつっこさで話しかけてきた。

「あなたは、イギリスに何をしに行くのか？」

三須照利教授は、自己紹介を兼ねることも含めて、

「私は数学者で、現在『世界数学遺産ミステリー』をテーマとするシリーズものを執筆中で、今回はイギリス、フランスの各地にあるミステリーを探訪するのが旅行の目的だ。たとえば、ミステリー・サークル、ストーン・ヘンジあるいはシェークスピア研究など——」

話を聞いていたイギリス人は、ちょっと不思議そうな顔をし、

「われわれにとっては、〝数学〟そのものがミステリーだ。なにも探訪しなくてもね。」

と大笑いした。そしてすぐ言葉を続けて、

「シェークスピアと数学ミステリーとに、どんな関係があるのか？」

と、三須照利教授の顔をのぞき込むようにして質問した。

彼はニヤリとしながら、きたな！　という表情を示した。

数学者、三須照利《みすてるとし》教授――通称**ミステリー教授**――は、世界各地の〝数学ミステリー〟の探訪をし、取材そして著作を続けている。しかし、旅行大嫌い人間である。

〝嫌いだから人一倍旅行の収穫が多いのだろう。好きだと遊んでしまうからね。〟

と、うまいほめ方をしてくれた友人がいた。ナールホド、である。

「世界的に有名になった童話『不思議の国のアリス』の著者ルイス・キャロルの本名と職業を知っているかい？」

三須照利教授が逆に質問をした。

「もちろんだ。私はオックスフォード大学出身だが、ルイスは、本名チャールズ・ラドウィジ・ドジスンといい、この大学の数学教授をしていた。これは有名な話だよ。」

「文学―数学者があれば、文学者―数学があってもいいだろう。」

「理屈はそうだが、文豪シェークスピアが数学と関係があったとか、数学作品を書いた、という話を聞いたことがないナー。ちょっと思い出してみよう。」

イギリス紳士は、そう言うと考え込み、しばらく会話がとだえた。

三須照利教授の方は、これ幸い、とばかり頭の中で今回の旅行計画について復習してみることにしたのである。

イギリスとフランスとをどう結びつけるか、何を共通の〝核〟とするか。そこで共通点を探し出すと共に、相違点についても目を向けてみた。

共通・類似点

一、共に一一世紀頃、国家が成立した。

二、王侯、貴族を中心とした集権的封建制をとる。

三、一七〜一九世紀に、人類・国家のリーダーとなり、文化・文明の貴族として世界に君臨し、多くの植民地をもった。一六世紀に宗教改革、一七世紀王政維持も類似している。

四、立派な美術館、博物館をもち、文化遺産を大切にしている。

五、古城、遺跡が多く、これにともなう伝説、ミステリーが豊富である。

六、エリート意識、プライドがある。女傑も多い。

七、イギリスは時刻、フランスは計量と、世界共通の〝基準作り〟をした。

八、「数学の世界」への貢献が大きい。

相違・対立点

一、イギリスは島国でアングロサクソン系。騎士道精神で衣食にあまりこだわらない。フランスは大陸でラテン系。貴族を中心とした衣食の豪華さを誇る。

二、両者は一四世紀から〝百年戦争〟という激しく長い対立期間をもち、一八世紀にも、インド、アメリカ問題で戦争をする。

三、近年の第一次、第二次世界大戦では同盟国として協力して敵国と戦ってはいるが、この利害を離れると、対立的なことが多い。

四、数学上では、左の表のように共に計量法の創案をする一方、イギリスは代数系、フランスは幾何系という異なる方面で発達した。

	計量法	数　学
イギリス	時間、時刻	統計学・推計学
フランス	メートル法	近代幾何学

以上、広い視点で両国を比較してみると、

〝育ちのよい、優秀な、しかし性格のちがう一卵性双生児のA児（兄姉）とB児（弟妹）とみる〟のがいいように想像されてくる。（一五〇ページ参考）

今回の旅行で、それぞれの国の社会に入れば、さらに新しい発見があるかも知れない。

突然！　またイギリス紳士が口を開いた。

「イヤー、いろいろシェークスピアの作品を思い出してみたが、どうも数学に関するものはないようだ。私のような文系頭脳ではわからない。恐縮だが、後学のためにひとつ教えて欲しい。」

三須照利教授は、折角の考えごとを断ち切られたこともあり、少々めんどくさそうに、

「七、八年前のことだが、イギリスのコンピュータ専門家が、シェークスピアの各作品の文章を分析し、彼のもつ文章の癖〝文紋〟を算出したんだ。そして——」

ということろで、夜の機内食が配られてきた。

「話の続きは、食事後にしよう。」

三須照利教授は、紳士にそう言って食事を始めた。（一二六ページへ続く）

〝数学の目〟は、いろいろな問題を科学的にとらえ、それを分析し、そして思いがけない解決、発見あるいは創造をしていくものである。

読者も、三須照利教授と共に、輝く好奇心の目をもってイギリス、フランス旅行をしていくことにしよう。

著　者

閑話休題

答のない問題

もう三十年近く前の話である。

神戸市のある小学校で、小学二年生の算数の問題として次のものが出された。

「教室に子どもがいましたが、六人出てゆきました。そして一二人はいってきました。いま、教室には何人いるでしょう。」

この問題の答案をみた一人の母親が、「〝答のない問題〟を出すとはひどい！」という投書を新聞社に送り、これが記事になって、いっとき賛否両論で日本中の話題になった。

〝ひどい問題〟に賛成する意見は、答のない問題を小学二年生に出すことは非常識だし、教育的にも意味がないとしている。

一方、この意見に反対するものは、教科書の問題は「解かれるためのお膳立てが整いすぎている」「うまくできすぎている」「習ったようにやればできる」という現状の教育批判のものや、「できるかどうか考えさせる算数こそ必要」といったものである。

右の問題が小学二年生に適当かどうかは別の問題として、算数・数学は本来、「答があるか、ないか」わからないものに対して、既存の知識を総動員して挑戦する学科・学問であるから、〝答のない問題〟を考えることこそ、真の算数・数学の勉強といえるであろう。

〝閑話休題〟と書いて「さて」と読む。

ふつう一つの意味を表現するのに、漢字の方が仮名より字数が短いものであるが、これは特別な例——というより当て字だが——といえよう。（「さて」には、〝扨〟〝扠〟〝偖〟の漢字がある）

筆者は中学時代に、ある文学書を読んだとき、初めてこの四字熟語を知り、たいへん興味をおぼえ、しばらく文や手紙にやたら使って楽しんだ記憶がある。

休息といえば紅茶、紅茶といえばイギリス。香りのよいイギリス紅茶を飲み、フランスのケーキを食べながら、イギリス、フランスのミステリーを、本書で楽しんでもらいたい。

前著『マヤ・アステカ・インカ文化数学ミステリー』では、本文をふくらます内容や参考、補足などは〝蛇足〟として別ワクで述べたが、本書では〝閑話休題〟として特設ページを設けることにした。

ロンドン市の象徴の一つ――ビッグ・ベン

パリ市の象徴の一つ――エッフェル塔

目次

第2章 経線0°の英仏争い

第4章　英仏〝古城〟のミステリー　117

第5章　英の統計・仏の幾何　誕生の背景　147

章扉の「南京玉すだれ」の写真：蕪山敏男

本文イラスト：筧　都夫

第1章

ミステリー・サークルとストーン・ヘンジ

端整な対称形の建物――セーヌ河畔の“ラジオ・フランス放送局”
（ニッコー・ド・パリ・ホテルからの風景）

一、とんだ宇宙人のサイン

直線・円がもつ魅力

数百も集めたミステリー・サークルの図を、コンピュータで分析していた三須照利教授は、自分が次第に青ざめていくのをおぼえた。彼の研究方法は、図の構成から、

㈠　自然の力によるもの　㈡　人工によるもの　㈢　その他

の観点で大分類したが、実は「その他」の図から恐ろしい文が解読されてきたのである。

セックス、快楽、全滅、緑の惑星……そしてエイズ。

彼はこの断片的記号サインから、次のような文を作りあげた。

〝われわれ（宇宙人）は、別荘地として緑の惑星を探し求めているうち、この地球を発見した。血を流すことなく、平和的にこの惑星を手に入れるため、「セックス」という快楽を手段とし、そのチャンスを利用してエイズを広める。これによってエイズはネズミ算的に伝染し、六〇億という人口も、二一世紀中に自滅するであろう。

その後、われわれは、人類という知的生物がいなくなった緑の惑星に、移り住むことができる。〟

彼に限らず、人間なら誰も絶句するであろう。

三須照利教授は、生物学者が害虫絶滅の方法として用いる、オスの生殖能力を失わせる薬の開発研究以上に、これは「種の絶滅手段」として巧妙、能率的しかも確実な方法と思えた。

さすが宇宙人は、地球人より数段頭脳が高いといえる、と考え、彼らが地球人征服の行動に出ていることに驚愕した。

このとき、彼はフッと前年に探訪して見学したインカの〝地上絵〟の数々を思い出したが、それを改めてコンピュータで分析したところ、これには『梅毒』の語が浮かんできた。

この宇宙人は、第一回の試みとしてインカに降り、梅毒を播《ま》いていったのである。やがて大航海時代（一五世紀〜）が訪れ、コロンブス一行やスペイン人がこれを西欧へ広め、全世界へとこの恐ろしい病気を伝播した、と想像された。その手段は、今回と同様『セックス—快楽—全滅』という伝染作戦が共通している。

この宇宙人の二度にわたる、見えない地球人全滅計画——今回のエイズ攻勢という計略によって地球人は全滅するかも知れない。もし、強力な薬や対策が考えられても、第三、第四の攻勢が押しよせる可能性がある。そして、そして、知恵がまさる宇宙人によって、われわれ地球人は全滅させられてしまうのだろう。

三須照利教授は奮然として心の中で叫んだ。

「私一人になっても地球は他の宇宙人には絶対渡さないぞ——」

その直後、男一人では……子孫ができない。自分が死んだら終りなのか、と思った。

　一日も早く、地球の全人類に、〝宇宙人のエイズ攻勢〟を気付かせなくてはならない。

〝UFO（未確認飛行物体）に乗ったET（地球外生物）がAIDS（後天性免疫不全症候群）を地球にバラマク。〟

　という三須照利教授の推理の当否は将来をまたなくてはならないが、後に述べるミステリー・サークルについては、未だ確とした製作者が発見されないこともあって、UFO、ETの存在が主張され続けている。数学者・三須照利教授は、現在多くの人が見たというUFOやETの存在は否定しているが、宇宙の中に〝知的生命体〟が人間以外にいることは信じている。

　宇宙（大宇宙）には、約千億個の小宇宙（銀河系はその一つ）があり、一つの小宇宙には数千億個の恒星（惑星を含む）があるといわれているので、知的生命体をもつ、いわゆる宇宙人が住んでいた、あるいはいる、将来いる可能性のある、星は相当あると計算される（次ページ「ドレークの方程式」参考）が、その星の宇宙人が地球人と交信できる可能性は、
○百億年を超える宇宙の歴史で、同じ生存時期であること
○光より速い通信方法をもつ高い知能をもつこと
○ある程度、地球との距離が近いこと

宇宙人の存在と方程式

ミステリー・サークルの多い場所といろいろな形

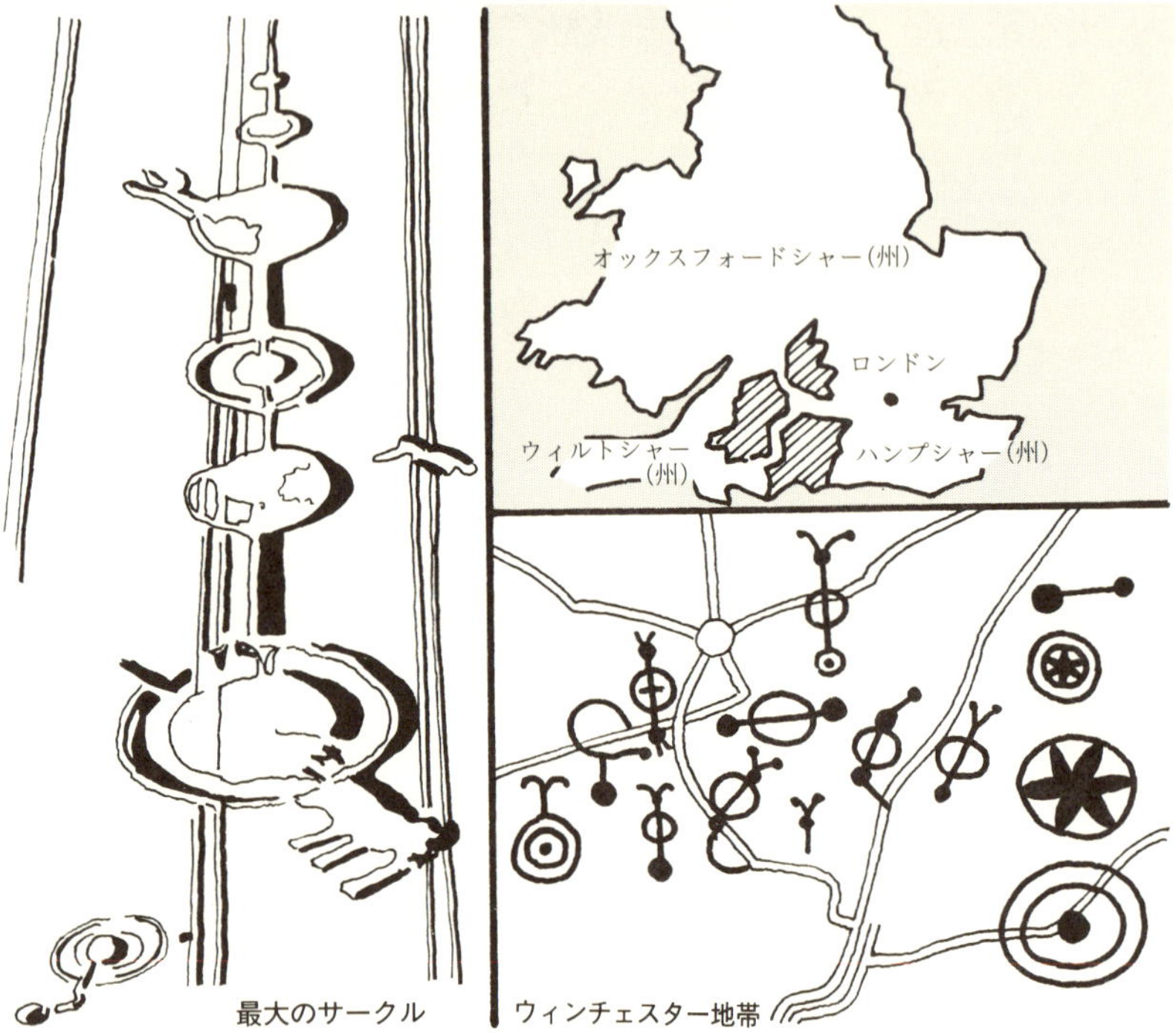

ドレークの方程式……銀河系内で交信可能な文明の数を見積る式

銀河系で交信可能な文明の数 ＝ 毎年生まれる恒星の数 × その中で惑星をもつ恒星の数 × 生命に適した惑星の数 × その中で生命が発生する比率 × その中で知的生物まで進化する比率 × その中で交信能力をもち実行する文明の比率 × そのような技術文明の平均寿命

などの条件を満たしていなくてはならなく、その確率はきわめて小さいであろう。

米航空宇宙局（ＮＡＳＡ）は、コロンブスの米大陸発見五百周年記念日にあたる一九九二年一〇月一二日から一〇年計画の大がかりなＥＴ探査に乗り出した、という。

この計画では、アレシボ天文台などいくつかの電波望遠鏡で、八〇光年以内にあって、惑星系をもっていそうな星からの信号を待つというが、相手の出す電波がわからないので、幅広い周波数帯で探査する。ＮＡＳＡではすでに数十年にわたって地球外知的文明探査計画（ＳＥＴＩ）を実行し、ＥＴからの連絡を待っているが、成果はないという。

ミステリアスな話題であると共に、大きな夢を与える情報だが、われわれが生きているうちに、何らかの実現を期待したいものである。

さて、こうした知識を土台として、イギリスの有名なミステリー・サークルの事前研究を進めた。

三須照利教授は、手に入った図を分類、分析し、次のような一つのレポートにまとめたのである。

ロンドンの周辺のミステリー・サークル

北のネッシー　南のストーン・ヘンジ

ミステリー・サークルについて

——三須照利教授のレポート——

一、発生の歴史と経過

一九八〇年頃、ロンドン南西のウィルトシャー(州)ソールズベリー平野（後述のストーン・ヘンジの近く）に初めて発見され、初期のうちは数十個だったのが、年ごとにふえて近年では四百個以上にもなり、しかも年々形が複雑になってきた。

形状は、円と直線の組み合わせであるが、音符形、かたつむり形、さらに複雑な形、ときにイギリス先住民である古代ケルト人の象形文字に似たものまである。

二、形状の一般型

○一〇〜三〇メートルの大きさ、ときに六〇メートルのものもある。
○渦巻状で、時計回りと同じ。
○形状が年々進化、複雑化している。
○足跡や薬品、放射能もない。
○トラム・ライン（トラクターの車輪跡）と平行である。
○シャープなエッジをもっている。
○季節は夏だけである。

三、成立についての仮設（予想）

土壌による――――砂漠の中の大きな草「ユーフォールビア」の枯れたあと、その強い毒性のため、円型状にしばらく草が生えない

ボーテックス説――渦巻、旋風

プラズマ説――発光現象、電場（大気電気）

ナノバースト説――小竜巻、台風（下から上にあがる）

ダウンバースト説――積乱雲による下降噴流（竜巻の逆）

超自然現象説――未知、未解明の方法による

UFO着陸痕説――UFOによる

宇宙人のメッセージ説―何らかの方法で宇宙人が作った

その他――――動物が走り回った跡、ヘリコプターの下降気流

四、発生場所

イギリスだけでなく、ドイツ、アメリカ、カナダなど各国からの報告があるが、日本の各地にも発生している。だいたいがリング状である。

佐賀、沖縄では牧草地、宮城では葦の原、熊本は水田、鹿児島はレンゲ畑と、いろいろな場所にあるほか、新潟、岐阜、山梨、兵庫などからも、「ある」という報告があったという。

の形状分類

(1) 直線と円　(2) 同心円，他　(3) 円とひげ

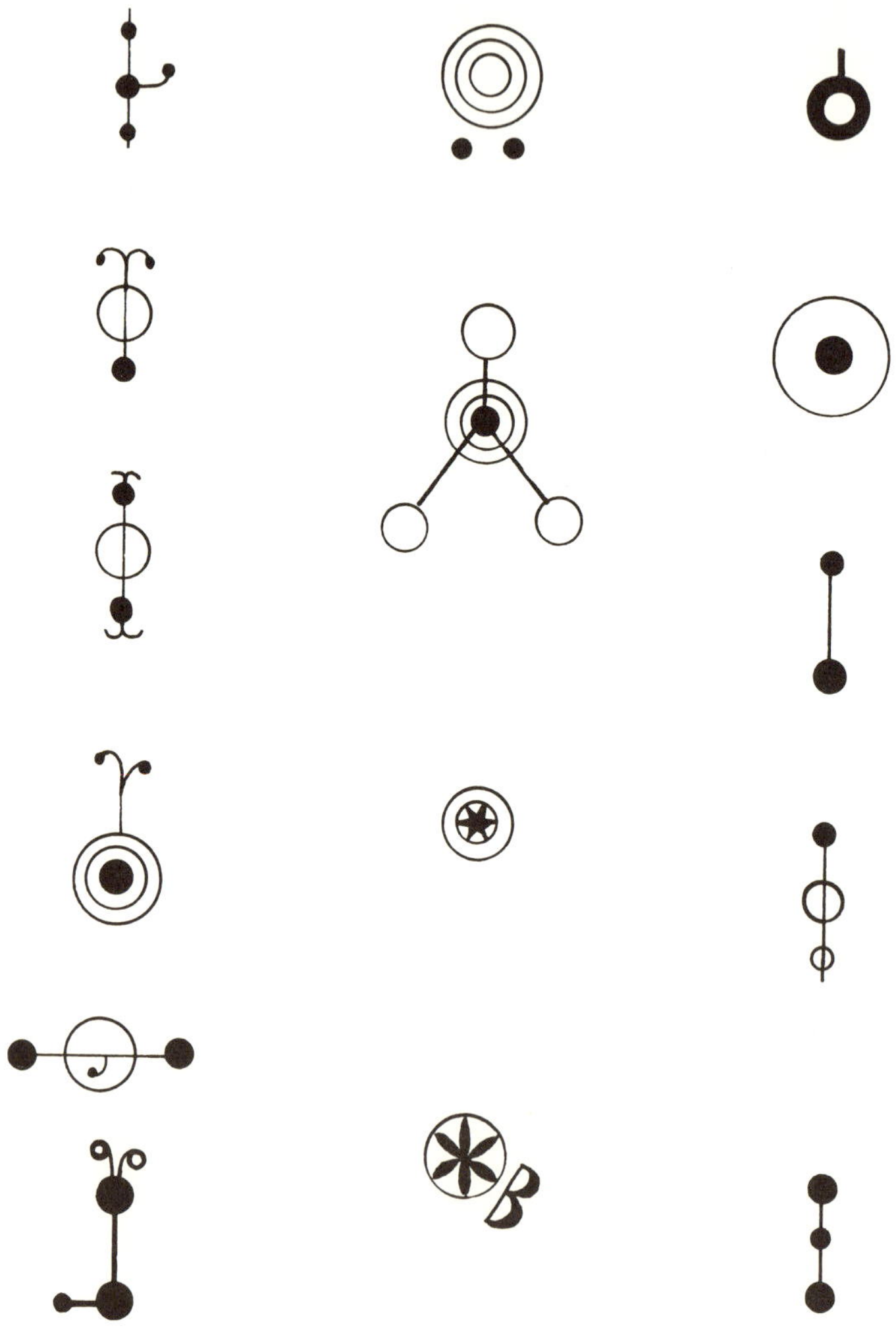

ミステリー・サークル

(4) 複雑な図

三須照利教授が、ミステリー・サークルの図を整理していたある日、義弟が訪れ、テーブルに並べられたたくさんの写真や図を興味深そうに見ながら、

「兄さん、よく集めましたね。足跡を残していないこのミステリー・サークルは、どうみてもUFOかETの仕業ですよ。時間がかかる作業なので人間なら誰かに見られるし――」

彼は美大を出た専門のアート・デザイナーなので、いろいろな形状にたいへん興味を示した。

「君はすぐUFOを出すが、私はUFOやET説ではないんだナ。」

二人はいつもUFOで意見が対立するのである。

「兄さんの、このレポートを見ても、超自然現象やUFO説もあげてるじゃないですか。」

義弟はムキになった。

三須照利教授は、おもむろに、手元の週刊誌と新聞（'91・9頃）を示しながら、

「イギリスの二人の老人が、〝一三年間自分達がサークルを作った〟と告白している。

彼らは画家で、何かおもしろいことを、ということから、一九七八年夏に初めて作ったが三年後に全国的な話題になったという。」

「老画家ですか？　同業者として、こんなイタ

ズラは許せませんね。」

「一メートル程の棒にひもをかけ(前ページの図)、麦を倒しながら進んでいけばよい。複雑なものでも四〇分もあればできるそうで、一三年間に百個以上作ったそうだよ。」

「画家とはいえ、広い麦畑に大きな図をキチンと描くのは——どうやったのかな?」

義弟はまだ信じないようである。

「冬の間に、翌夏制作する分のデザインを考え、画用紙にデザイン・設計図を正しく描いておく。そうしないと広い麦畑で混乱してしまうからだそうだ。

作業の道具は、ひもつきの棒と、帽子の先に取り付けた小さな針金の輪(これで方向を正確にする)——簡易測定器具——の二つだけという。」

「科学者や研究家から、〝これは人間が作ったものではない〟とか〝宇宙人の仕業だ〟などと言われたとき、二人で密《ひそ》かに大喜びしたんでしょうね。ニックラシイ奴だ。

でも、これらの図の中には、人間業とは思えないものがありますね。いくつかは人間が作ったというものがあるでしょうが、ぼくは、UFO説を変えませんよ。」

二人の議論が、いつまでも続いた。

最近、イギリスのケンブリッジの畑に下のような図が現れ、話題になった。

これは最新のコンピュータ・グラフィックでも研究対象の『フラクタル図形』で、

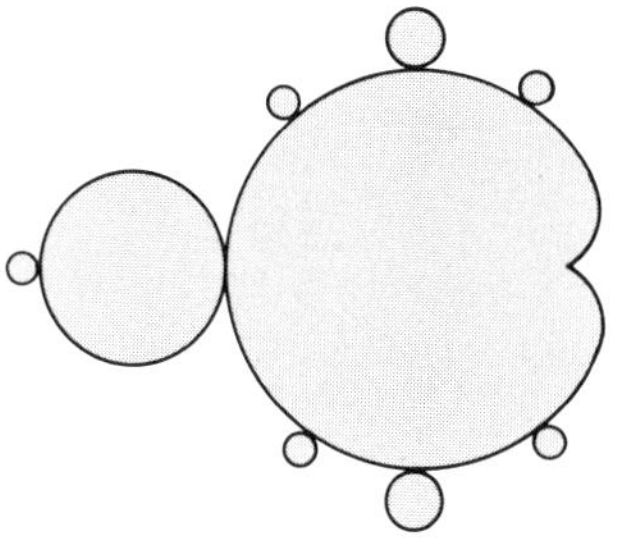

いわゆる〝入子《いれこ》〟（拙著『マヤ・アステカ・インカ文化数学ミステリー』参考）の図形である。

ミステリー・サークルの多いソールズベリーから北に一六キロメートルの地点に有名なストーン・ヘンジがある。

世界的に知られた巨石群については、

○フランスのカルナック列石。

　千個以上の巨石が並ぶ。太陽崇拝のものという。

○チリのイースター島にある巨石モアイ。

　聖地を守る番人という説がある。

○デンマークのドルメン。

　北ヨーロッパなどに多くみられる巨石墓の一つ。

わが国にも、北海道、東北地方を中心に、全国十数ヵ所に規模は小さいが存在する。埋葬関係という。

さて、イギリスのストーン・ヘンジは、高さ五〜六メートル、重さ五〇トンを超える巨石が円形状に並んでいる。

夏至には中央のヒール・ストーンから昇る太陽がまっすぐ中心の祭壇を照らすという。

神秘的な巨石群

これは、日食など天体運行を観測する天文台という説が有力であるが、神殿とも言われている。

約四千年前（紀元前一八五〇年頃）から数回にわたって、ドルイド教徒が建立したといわれ、外側は直径九〇メートルの堤と溝、内側は二重の環石が配列されている。

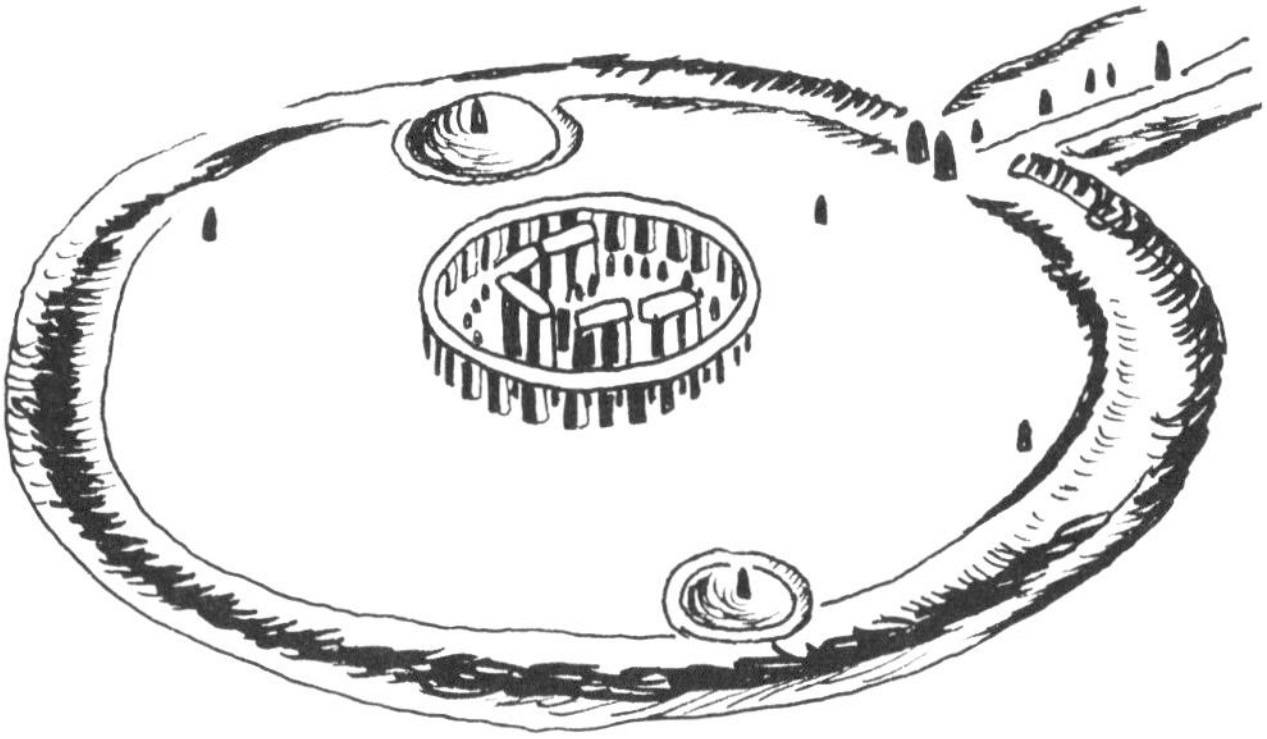

造られた頃の想像図

広大な牧草地に

さて、そろそろ話の結末をつけることにしよう。

一万年程も前から始まった巨石文化は、エジプト、地中海沿岸そしてフランス、イギリス一帯へと広がって発達したが、紀元前一四世紀に、ミノア文化を破壊したギリシアのサントリーニ島大火山（島の中心がふっとび海に沈む）以降、ピタリと止めになった。

いま、イギリス、フランスの二大巨石文化を対比させてみると興味ある関係を発見する。

イギリス——ストーン・ヘンジ（円形）
フランス——カルナック列石群（直線）｝夏至の日の太陽の昇る方向という点は一致

再び初めのミステリー・サークルの図に目を転じると、すべて基本図形は〝直線と円〟で、製作者が自然であれ、人工であれ、このミステリーが、それらの組み合わせであることは興味と魅力を感じさせるものである。

数学的にいえば、
図形（幾何）の円と直線
数量（代数）の0と1
という、それぞれの基本点で深くかかわることに
〝数学は神が創った〟と思わざるを得ないのである。

円と直線，0と1

古代エジプトの千万の数字

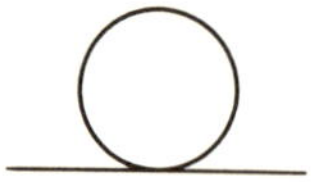

マヤの数字
1は 
5は
コンピュータの2進法
0と1

閑話休題

縄文時代のストーン・サークル

直径三〇メートルを超える、日本最大級のストーン・サークル――環状配石遺構――が、新潟県岩船郡朝日村三面の河岸段丘、アチヤ平に見つかった。縄文時代作の可能性が高いという。

ここは二〇〇〇年にダムが完成する予定で、水没する前に発掘調査が進められている。

一方、同じ新潟県の十日町市にある「栗ノ木田遺跡」にストーン・サークルがあり、市立博物館にその復元物が展示されている。

栗ノ木田遺跡の復元物

（写真提供：十日町市博物館）

中央に立つ石は、男根形の細長い石で、その周りに放射線状に細長い石が横に並べられ女陰を表している、とされている。秋田県大湯にもあるが、これは縄文時代の人々が子孫繁栄を願う祭祀《さいし》や埋葬のためと想像されるが、全国で十数ヵ所発見されている。

〃ストーン・サークル〃造りは人間の本性的なものかも知れない。

〔参考〕　これらは形から日時計説もある。

二、「オーパーツ」というもの

高級は素朴の中にある

「オーパーツ」とは、科学者やジャーナリストが命名したもので〝場違いの加工品〟という意味、つまり、そこにあるはずのないもの、ということである。

Out of Place Artifacts

から、OOPARTSと綴った和製英語であるという。

〔**参考**〕和製英語の例　リヤカー、ナイター、ガードマン、ジェットコースターなど。

右のことから、オーパーツはミステリアスなものであり、当然現代の人々に対する〝答のない問題〟となっているのである。

三須照利教授は、このオーパーツという言葉の響きに興味をもったし、場違いの加工品という内容にも関心があった。

これまで数学誕生地探訪旅行で世界各地を回ってきたが、どこにも一つや二つのオーパーツがあったような気がする。たぶん、その当時としては場違いでなかったものが、今日それをみたとき、場違いな感じになっているのであろうと彼は推測した。その一例として、現在人々が日常使用して

現代の日常品を入れるが、1000年後の人は何だと思うかナ？
2007年
タイムカプセル
1000年後開封のこと

いる種々の品物をタイムカプセルに納め、これを千年後の人が開いてみたとき、どうして使うものか、何に使ったものか、わからない品がたくさんあるであろう。

そしてこの中のいくつかは、「エッ！　大昔に、いまと同じものがある」と驚かせるかも知れない。

これらは広い意味のオーパーツと言える。

こうしたことを考えながら、彼は有名な「オーパーツ」を調べ出してみることにした。と同時に、五千年の歴史をもつ数学界にも、ある種のオーパーツがあるのではないか、と考えていた。

君にも一つ、この両方面を考えてみてもらうことにしよう。

㈠　ストーン・ボール

中南米コスタリカ・ディッキス地方のジャングルに、直径二・五メートルの見事な球に近い巨大石球が発見された。この高度な加工技術の謎。

㈡　ハズミ車の絵

エジプトのカイロ博物館の中にある、五千年前の王子の墓にあったハズミ車の絵に宇宙用エンジンが描いてあった。

㈢　恐竜の土偶

アカンバロから発見された紀元前三千年の土偶の中に、いろいろな形の恐竜の土偶があった。（恐竜の存在はごく最近知られた）

㈣　地上絵　インカ文化の有名な巨大地上絵。作り方や目的が不明。

㈤　水晶ドクロ　マヤ人は鉄器がなく、黒曜石を刃物とした。この石おのでは水晶は削れないのに水晶ドクロがある。

㈥　黄金ペンダント　コロンビアの黄金飾り物の中に、シャトルの形のものがある。

㈦　ピリ・レイスの世界地図　一五一三年に作られたこの地図には、南極大陸発見の三百年前に、航空写真とみられるほど正確な形で南極大陸が描かれている。

などがあげられる。これらはいくつかに大別されることに気付くであろう。

㈠　技術的に考えられない　㈡　知識上から信じられない　㈢　その他

まず初めの〝技術〟については、現代人が少し高慢、独善になっているだけで、太古には太古の優れた技能や工夫があったのであり、ただ知られていないだけ、ということが言えよう。

ストーン・ヘンジの巨大な石を、クレーンなしで直立させ、ピラミッドで巨石を積み上げた技術などからも、そのことが推測される。

㈡の知識の面では、たまたま絵や土偶などが現代の最先端の形に似ているというだけのもので、これはある意味でゲシュタルト心理学のいうところの〝素地と図形〟、幾何学的錯視に過ぎない、

ルビンの反転図形

（果物皿，向き合う２人）

と思われる。

恐怖心には、枯れすすきも「幽霊」にみえるのである。

三須照利教授は、オーパーツも世界七不思議も理論的に解明できるとし、この機会に彼の専門の数学界の「オーパーツ」について考えてみることにした。

数学五千年の歴史をひもとくと、世界四大文化、あるいは中南米の三大文化、さらに各民族、各国家がそれぞれ独立に、あるいは影響を受けながら特有の〝数学〟をもっていた。しかし、現代の「学校数学」や数学界の数学は、ギリシア、インドの数学を集積した「アラビア数学」が西欧に伝えられ、これを基礎として一五世紀以降にイタリア、イギリス、フランス、ドイツなどの先進諸国が創りあげたもの、ということができる。

こうした長い歴史の中で大きく成長した現代の数学の高度、高級な考えが、遠い古代に、その原

型や芽生えがみられるのである。まさに、「オーパーツ」である。

数学の領域別で、いくつかその例をあげてみよう。（マンガから予想してみよ）

まず**数**。世の中には二羽、三人、四本というものはあっても、二、三、四というものはない。これは量を捨てた抽象化という高級な考えであるが、遠く古代人が〝数〟をもっていた。

「零」とは何も無いことである。無いものに〝ある印〟（メソポタミアでは・、マヤでは）を与え、あるようにして扱っている。数０となったのは、後世、五世紀頃のインドである。

図形でもいろいろな「オーパーツ」があるが、その代表は測量で直角を作る３：４：５である。メソポタミア、エジプトで四千年も前に用いている。証明はピタゴラス（紀元前五世紀）によるが、どうして、こんな大昔にこの図形の性質を発見したのであろうか。

一七世紀に誕生した、統計、確率、関数という〝新しい数学〟も、この考えは遠く古代にさかのぼることができる。

統計は、たとえば「これから先の天候」を知るのに、長年の経験的推測――帰納法――で、明日は雨、とか今年の秋は天気が続くとか、の予想をした。つまり、古代人も統計的な考えをもっていたのである。

確率も、獲物を追うときや食物のある近道を選ぶときなど、よりよい可能性のある方を選択する。

関数は、たとえば、のろし台から味方へ敵の攻撃を知らせるのに、煙の量の多少で表すという方法があった。敵の人数と煙の大小に関数関係をもたせ利用したのである。

トポロジー（位相幾何学）は、『ユークリッド幾何学』と対比されるもので、一筆がきから誕生した幾何学で、ユークリッド幾何学が長さ、角度、面積などの計量面を重視しているのに対し、トポロジーは、点の並びと線の結びだけを基本とするものである。（鉄道、バスの路線図や案内図など）トポロジーは幼児の絵といわれるが、クロマニヨン人たちの洞窟絵にこれがみられる。

推計学の中の標本調査で標本の選び方は、「デタラメ」（乱数表）による。現代ではＴＶの視聴率や選挙予想、大量生産の抜き取り検査、さらに水や空気の汚染度調査など広く用いられるが、この考え方は、古代人が汁物の味加減をみるのに利用したり、たくさんの芋など焼いたときの焼き加減をみるのに用いていたのである。

集合論はもっとも抽象的な学問であるが、これの基本である無限の濃度（個数）を調べるとき、一対一の対応をおこなう。この考え方は数字をもたない未開人が牛や羊を飼い、朝放牧するとき、一頭出ると石一つを対応させて置く、という方法と全く同じなのである。

その他、数学で頻繁に使う**グラフ**（座標）は、一七世紀フランスの数学者、哲学者デカルトの創案とあるが、彼の二千年も前に、ギリシアの数学者、地理学者エラトステネスは地中海一帯の地図で座標を使用している。太古には骨や小枝を地面に並べて示した。

細かく探すと、まだまだいろいろな発見がある。

「オーパーツ」探しは、なかなか興味深いものである。

点の位置を示す法

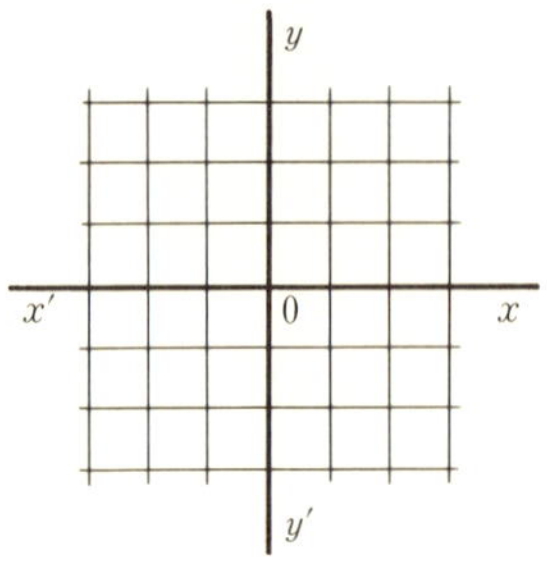

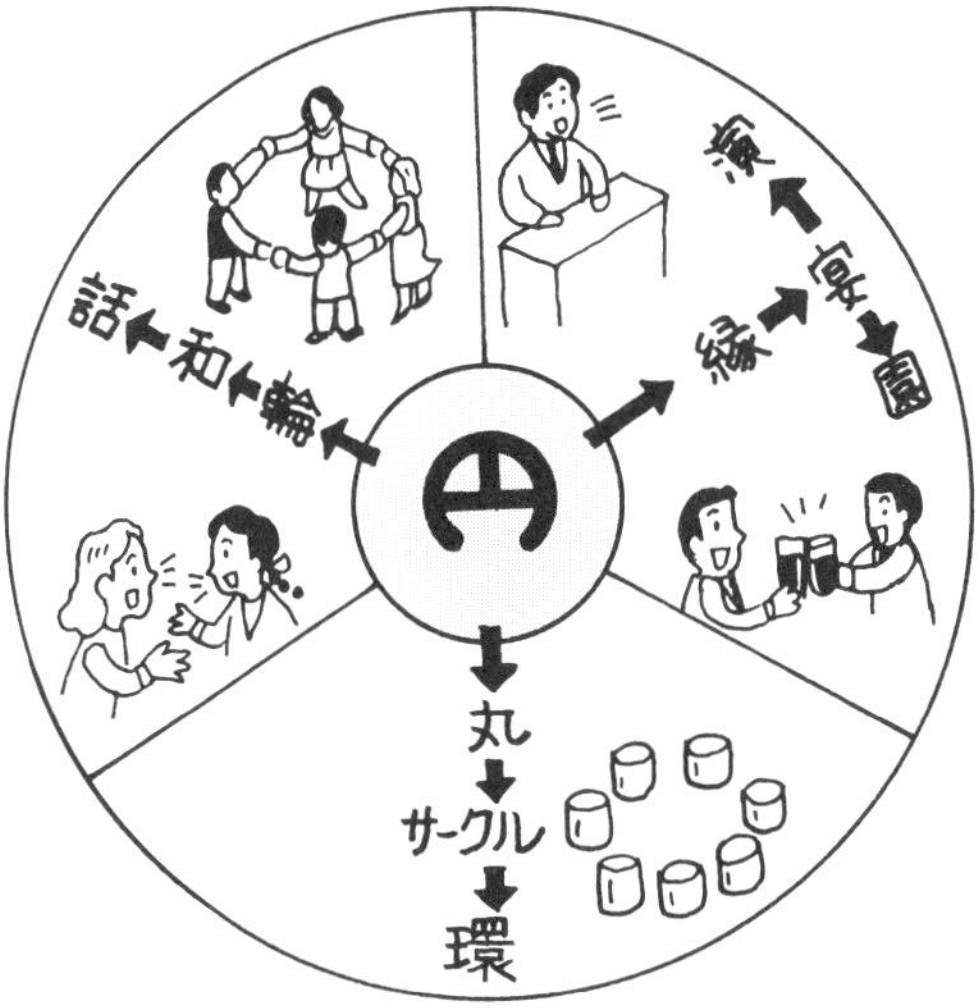

三、人間社会と円

円は縁・宴、輪・話《わ》だ！

ミステリー・サークルといい、ストーン・ヘンジといい、自然や人間が作るものに〝円〟を基本としたものが多い。

三須照利教授は、人間社会の中での〝円〟にかかわる語を集めて、上のようにまとめてみた。

意図的か偶然か、関連ある語がたくさん集められ、彼は自分でまとめた図がおおいに気に入ったのである。

「どうだい。〝円〟というのはおもしろいだろう。」

アート・デザイナーの義弟に得意げに見せて言った。

「兄さんらしいですね。」

といいながら、図をみて笑った。

「オヤ？　あまり感動してくれないね。おもしろい着想だと思ったんだが――」

「おもしろいけれど、ちょっと幼稚っポイですよ。もっと広く考えた方がいいでしょう。たとえば、日常・社会生活での機能面とか利用面とか……」

「サースガ、デザイナーだね。では、そういう面から〝円〟を調べるとするか。」

首脳会合の座席配置

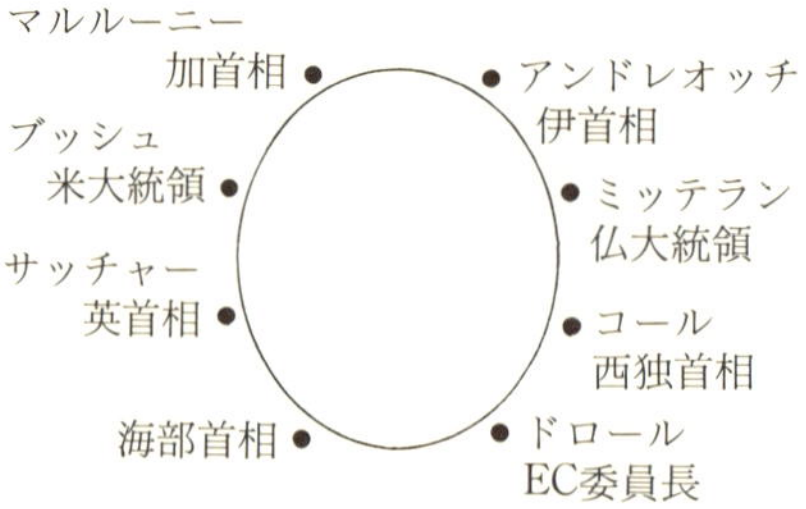

（'90．7．9　ヒューストンのライス大学で開かれたサミット首脳会合で**円卓**を囲む各国首脳）

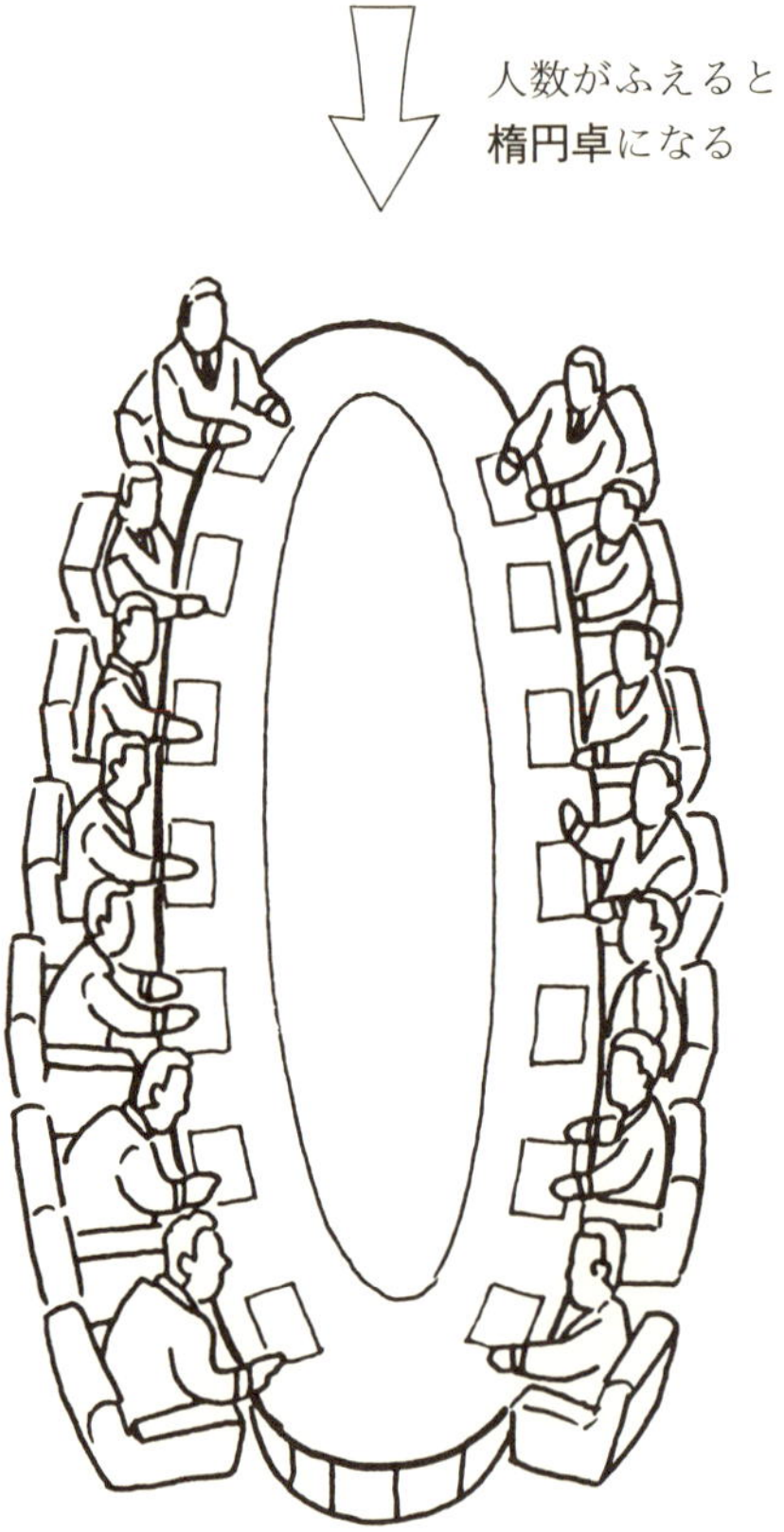

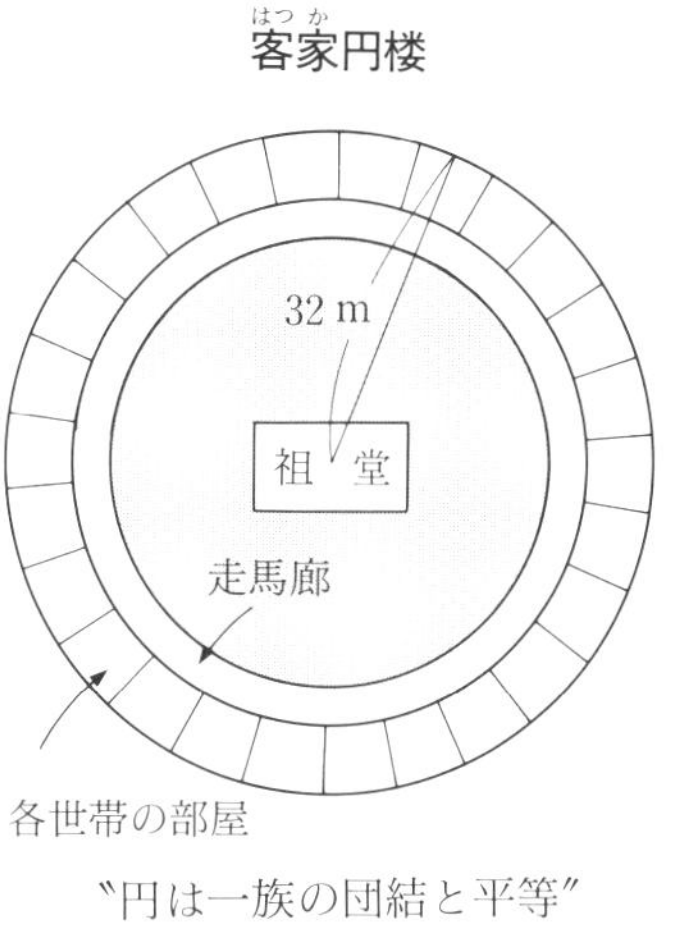

円卓法廷での審理はこうなる。正面が裁判官役。傍聴席は手前　＝28日、東京地裁での模擬裁判

円卓法廷

紛争も　丸く座れば円満解決

12地裁

民訴　ビ

裁判官が法壇を降り、…設
める「ラウンドテーブル法廷
年、特定の事件で試行して評
に全国の十二地裁で工事を始
るになる。これらの法廷にビ
審理の助けになるビデオテー
決を家庭の居間で話し合うな

ラウンドテーブル法廷の
一部には従来の法壇も残
し、争点を整理するための
口頭弁論はテーブルで、証
人尋問や判決言い渡しは法

（'92.1.29付　朝日新聞）

そういうと三須照利教授は少し古い新聞を義弟にみせた。

「この図（前ページ）は、九〇年のヒューストンで開かれたサミットの各首脳の配置図だけれど、円卓というのがいいね。人数がふえると〝円の兄弟〞の楕円ときた。最近では裁判の法廷も円卓とし『ラウンドテーブル法廷』が民事訴訟の場に導入されるそうだよ。

〝紛争の解決を家庭の居間で話し合う雰囲気にしたい〞ということからだという。」

「上下を設けない会合や話し合いの場では、席の配置が難しいけれど、円形だと誰からも不平がでなくていいですね。

お客を大切にする中国では、中華料理のテーブルはみな円形ですよ。」

「アッ、それで思い出したけれど、以前中国旅行したとき、ガイドから『客家《はっか》円楼』の話を聞いたよ。」

「『客家円楼』というのは、〝よそから来た人たちの住む円形の建物〟という意味でしょう。

一族全員が大きな円形の建物に住んでいる、という話を聞いたことがありますよ。」

「その昔、漢民族でモンゴル騎馬軍団に追われた人たちが、中国南部の山間に住んだが、外敵の侵入にそなえて、高さ一二メートル、直径六四メートルという城壁のような堅固な円楼を築き、数十世帯（数百人）が住んだのが、この客家円楼だそうだ。

働き手は華僑となって世界各地で働き、収入をこの円楼の家族に送るという。一族の誇りと結束の固さは、ものすごいものがあるそうだ。」

「イヤハヤ、すごいものですね。兄さん、一度この客家円楼をみに行きましょう。わが一族はあまり団結心や円満さがないから、見習いが必要ですよ。

私のデザイナーの世界でも、円をとり入れることが多くなりました。機能面からも――」

三須照利教授は、彼が以前みせてくれたデザイン集を思い出していた。

「デザインも流行があって、家具や車など角ばっているときがあったり、丸っぽくなるときがあったりするね。

しかし一般的には〝円〟を基準にしたものが多いだろう。とりわけ通路や建築物に多いように思うんだ。

同心円の利用

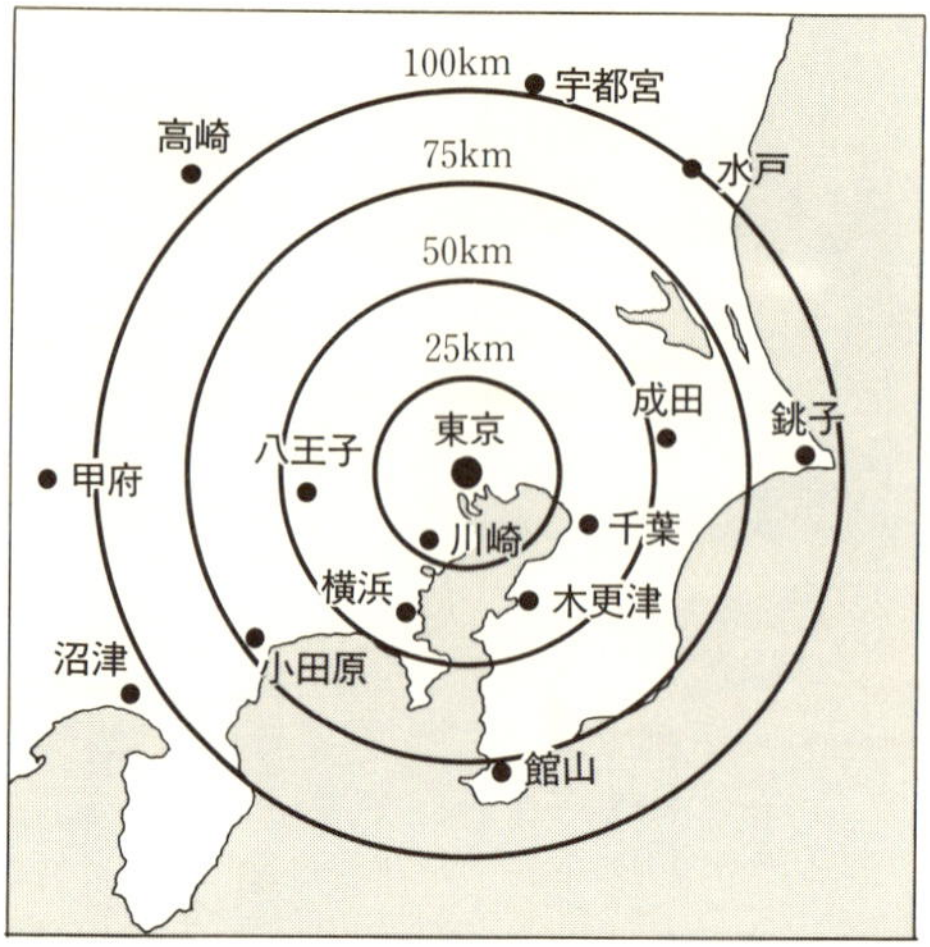

曲線の美

▲高速道路のインターチェンジ

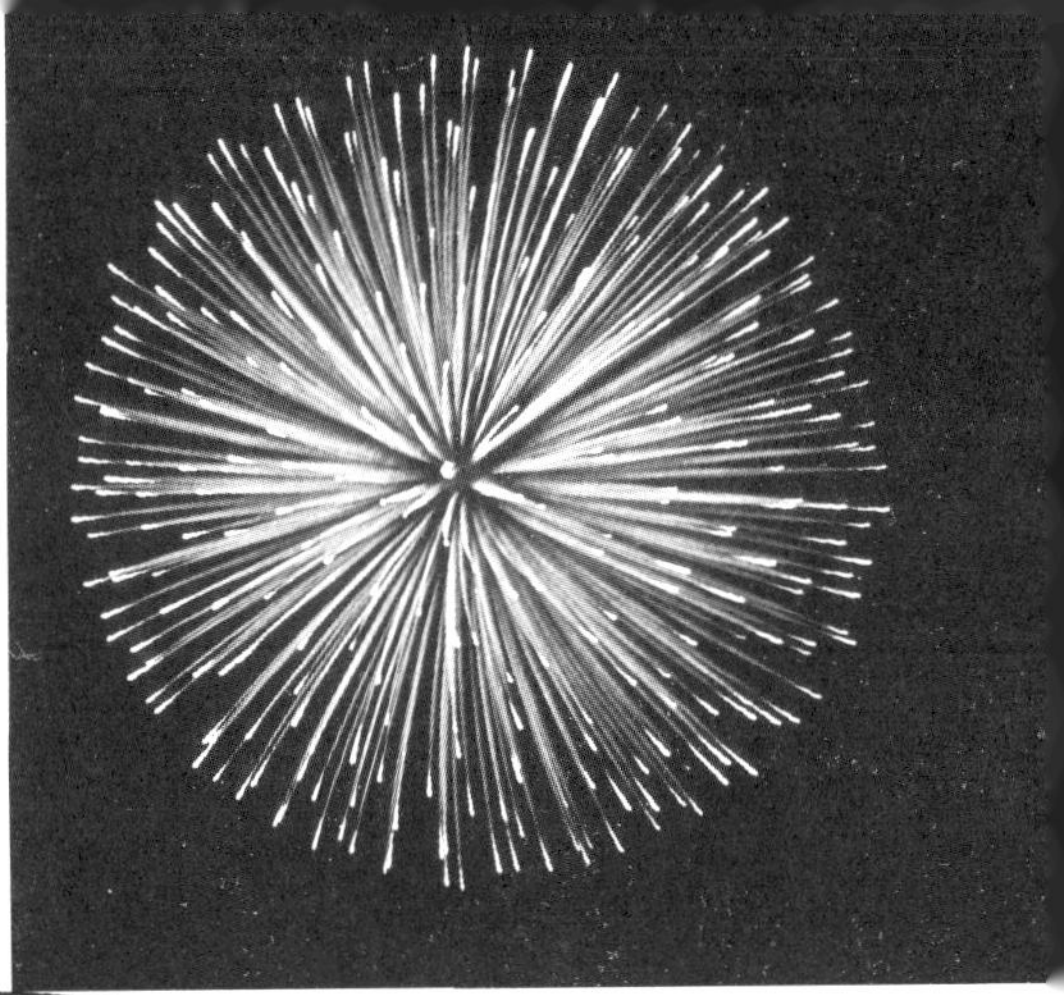

▲花　　火

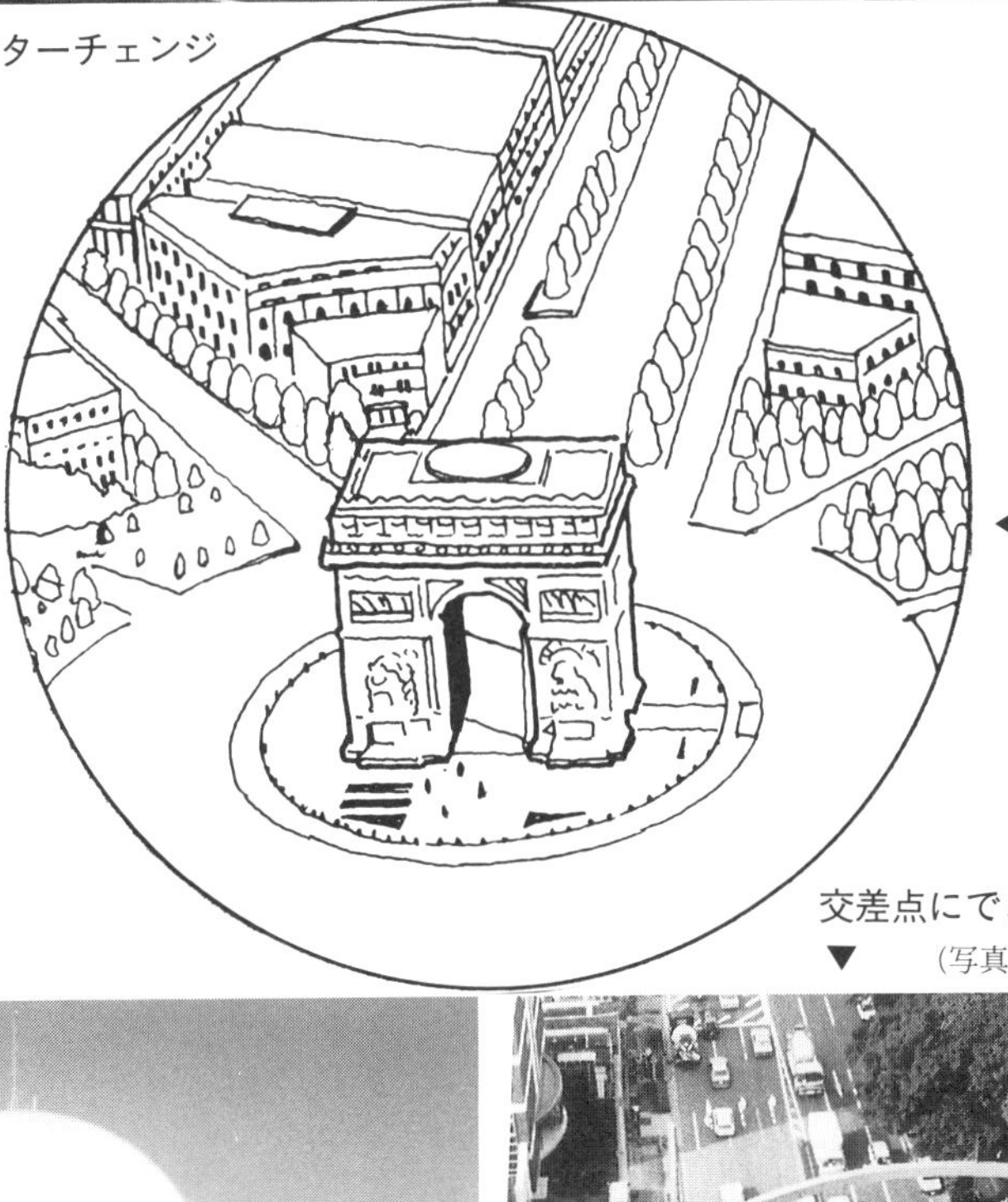

◀凱旋門を中心に放射状に延びる道路

▼ガスタンク

交差点にできた巨大リング
▼
（写真提供：朝日新聞社）

星の運行（写真提供：山田　博）

虹と電線

いくつか集めたので、君にみてもらおう。」

義弟はデザイナーの目で一つ一つをみていた。

「〝円〟や〝球〟はいいですねェー。」

美術家らしい嘆息を発しながら、

「ぼくもこれから、もっと円や球を使うことにしようかナ。」

といったりした。

三須照利教授は、自然界には〝円の仲間〟がたくさんある、
といって収集写真をもってきて彼に示した。
○植物の茎や花、動物の身体
○虹や台風、水滴や波紋
○地球、太陽、月や星の運行
などのいろいろな美しい写真がある。

「これをしばらく貸してください。」

義弟はそう言って、写真をもって行った。

ミステリー・サークル、ストーン・ヘンジなど、〝円〟についてのミステリーを調べていた三須照利教授は、円が少しもミステリーでないことを発見したような気がしたのである。

四、セザンヌの究極図形

立体図形の極美

「自然は円柱、円錐、球によって構成されている。」

これは一九世紀のフランスの画家セザンヌが、印象派の自然主義、色彩効果にかたよったのに対して語った言葉である。

彼は南フランス生まれで、少年時代から絵を描いており、一八六一年パリに出、マネを中心とする反アカデミー派に入って活躍した、構成主義、総合主義の方法による立場である。

三須照利教授は、セザンヌの究極図形、円柱、円錐、球がいずれも〝円〟の立体化であることに大きな関心をもった。

彼は、車のときはもちろん、徒歩のときも小型カメラをもっていることが多く、街でみる幾何図形は必ず撮るようにしている。この習慣からいっても、建造物に直方体が多い中で、構造、機能上から球や円柱があることを見出している。

球形のガスタンク

冬季五輪開催地グルノーブルの円錐と球のエアドーム
（「グルノーブルでの聖火ショー」写真提供：朝日新聞社）

六年に一度の万国博覧会では、各国が競って幾何学的な思い切って斬新な建物を造ったが、毎回、この中にセザンヌの究極図形がいくつもあるのは、興味深いことである。

上の写真は、セザンヌの母国フランスのグルノーブルでおこなわれた冬季五輪の街外れのスペクタクル会場である。

このグルノーブルから真南へ十数キロ行ったところに、セザンヌの生没地エクス・アン・プロバンス（モナコの近く）があることを考えると、彼の業績をたたえたものと思われる。

数学の世界では、数学者が好んで研究した図形について、たとえば、

プラトンの図形（紀元前四世紀）
アルキメデスの図形（紀元前三世紀）
パスカル・ブリアンションの双対図形（一八世紀）

などのように自分の名をつけるのである。

アルキメデスの図形

表面積
体　積
の比が３：２

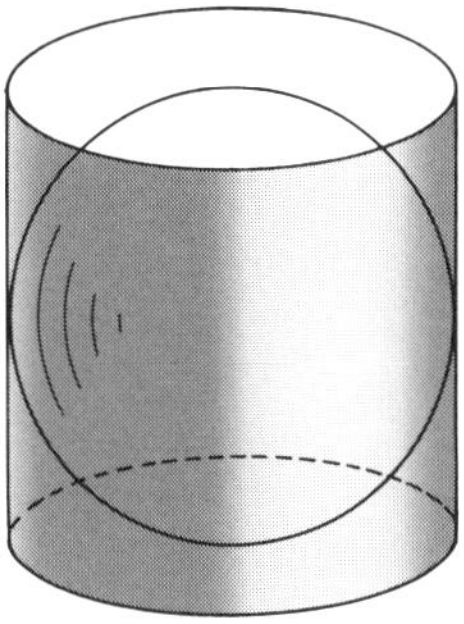

プラトンの図形（すべて球に内接する）

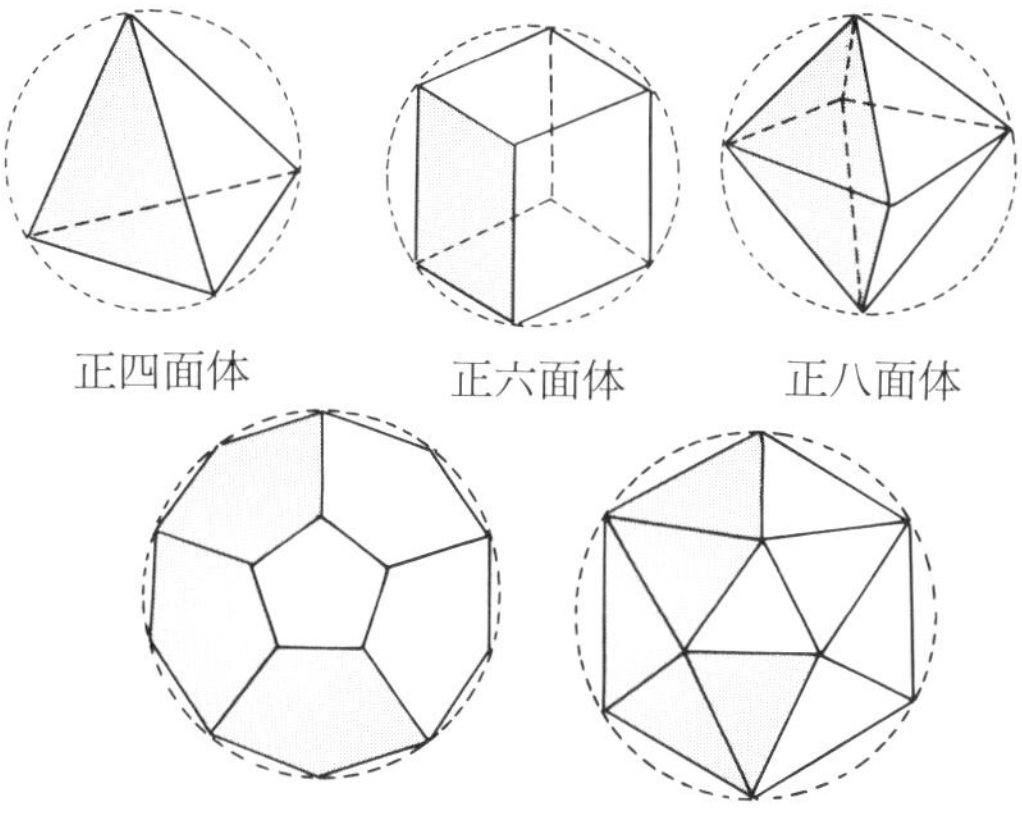

双対性の例

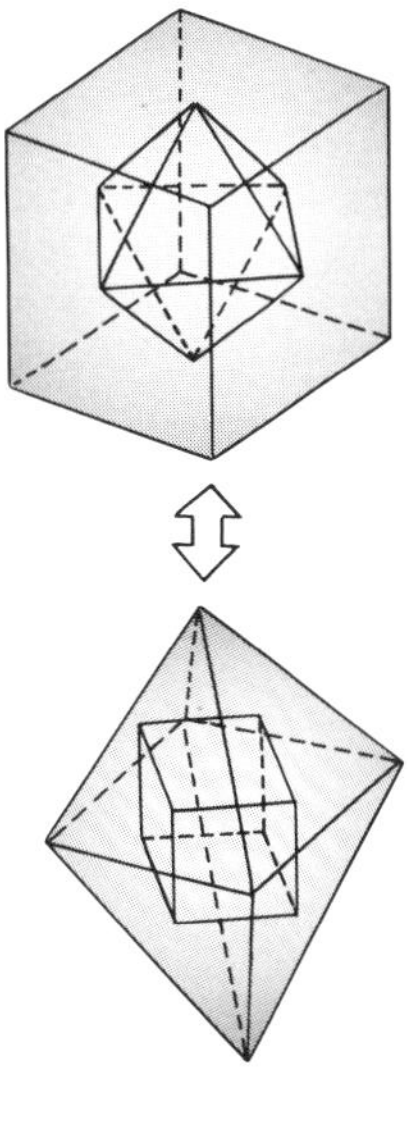

正多面体は五種類しかないことは、プラトンの百年前の数学者ピタゴラスが証明している。しかしプラトンは球に内接する安定した美に対してこれを好み、後世、正多面体に〝プラトンの図形〟の名称が与えられている。

各正多面体ですべての面の中央の点を順に結んでいくと、正四面体は自分自身に、正六面体と正八面体が、正十二面体と正二十面体がそれぞれ双対性をもつ、というミステリアスな性質をもつ。また、アルキメデスの図形も、円柱と球が単純な比の関係にあり、驚異的な美である。

五、南京玉すだれの妙

直線と円の関係

さて、話をミステリー・サークルとストーン・ヘンジにもどすとしよう。これはどちらも基本的には、直線と円の組み合わせである。このことに着目して、直線と円の関係や直線で円を作ること、などの内容を探し出すことにした。

ストーン・ヘンジの巨石の林立

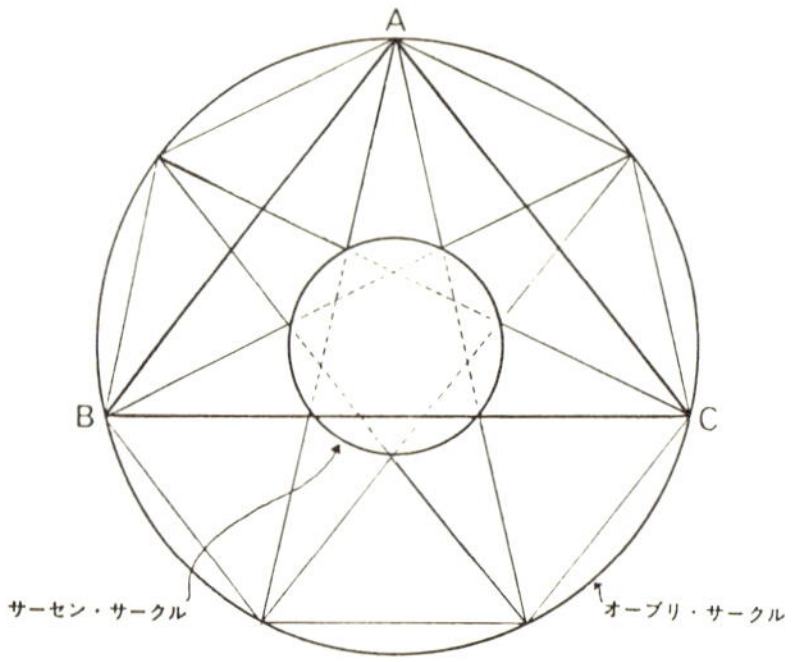

ストーン・ヘンジの幾何学的構造
（J. アイヴィミ著『太陽と巨石の考古学』
法政大学出版局）

単純な円にみえるストーン・ヘンジも上のような、内部に直線図形をもつ幾何学的構造からできているのである。

まず初めに、〃円の仲間〃の簡便な作図法を思い出すことにしてみよう。

〃円の仲間〃には、楕円、双曲線、放物線があり、これらは、

円の仲間（直線と曲線）

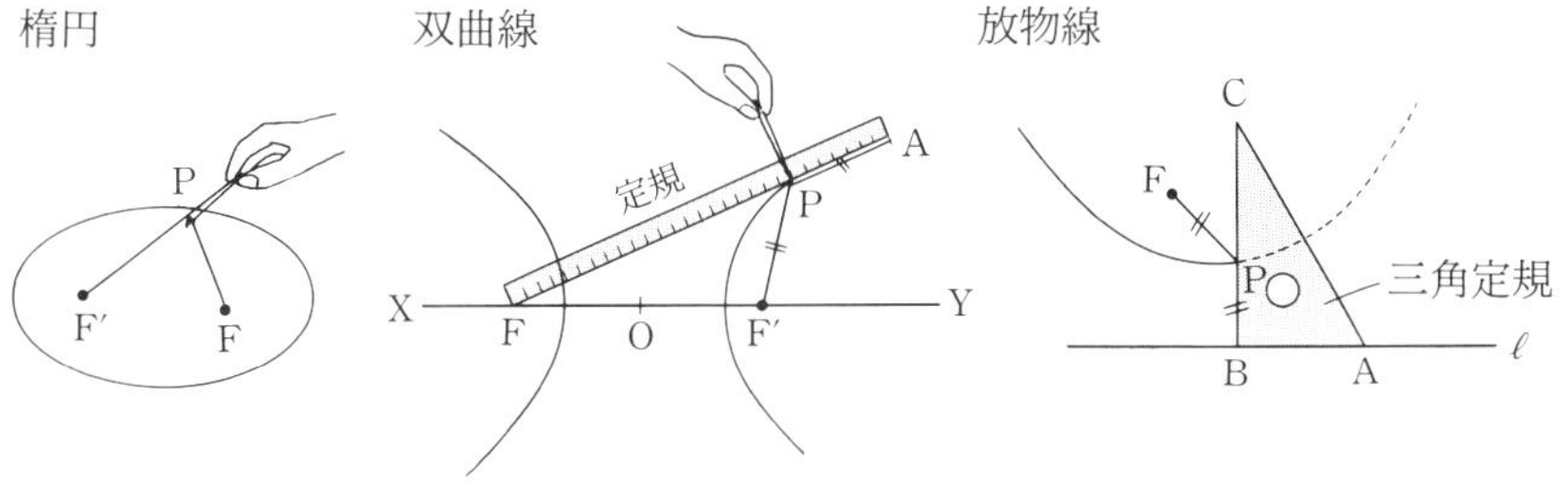

PF＋PF′＝a（一定）　PF～PF′＝d（一定）　FP＝PB

円

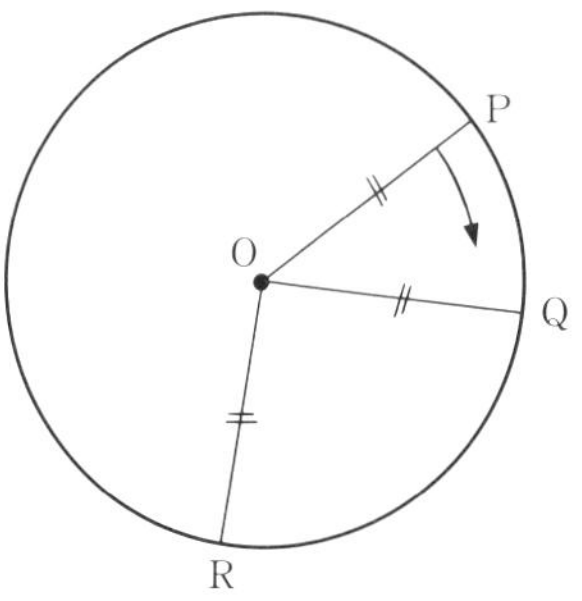

OP＝OQ＝OR

円は定長の線分が，
回転してできた図形

○画用紙、画鋲《がびょう》、ひも（糸）
○定規、三角定規

という身近なもので、上のように用いると、楽しみながら描くことができる。

三須照利教授は同心円（四二ページ）を使ってこれらの図を描くことを知っているが、読者はいかがであろうか。

次に、直線から円や円の仲間を描くことを工夫してみよう。

直線で“円の仲間”を描く

（たくさんの直線を引いて求める）

(1) 定長

① 同心円

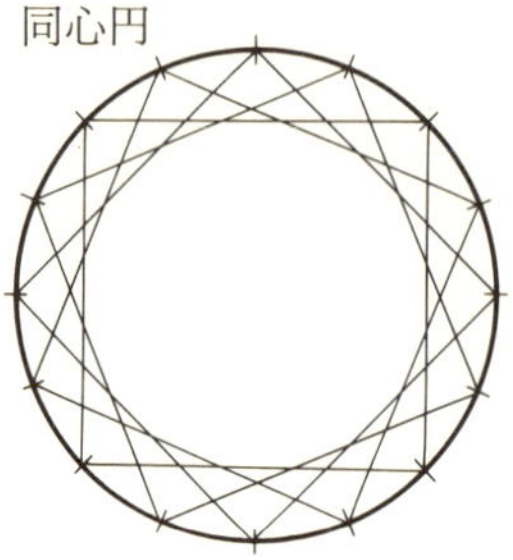

② アストロイド(星芒形)

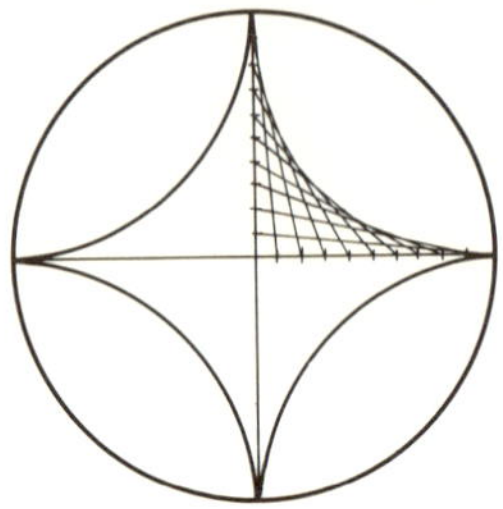

(2) 等長

① カージオイド（心臓形）

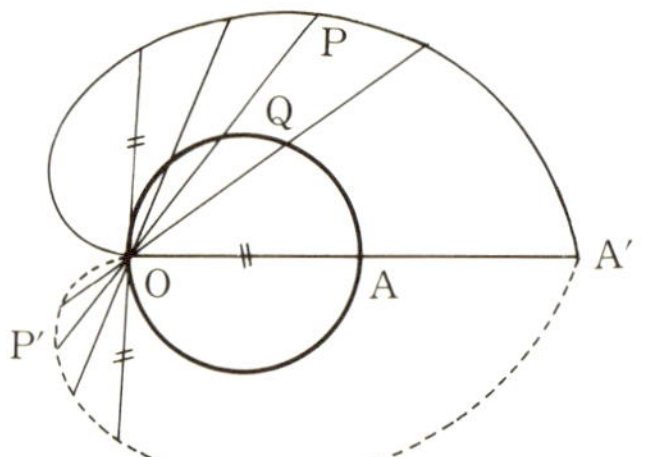

PQ＝P′Q＝OA

② シッソイド(疾走線)

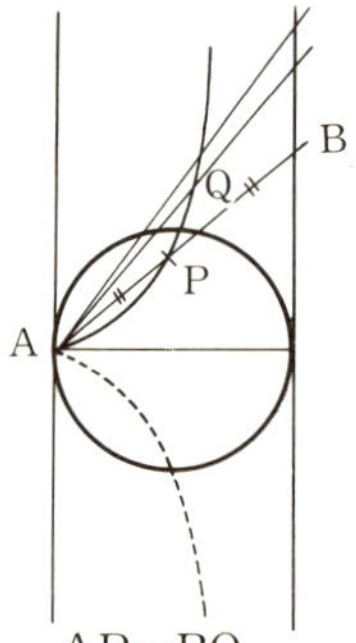

AP＝BQ

(3) 等比

円の方べきの定理

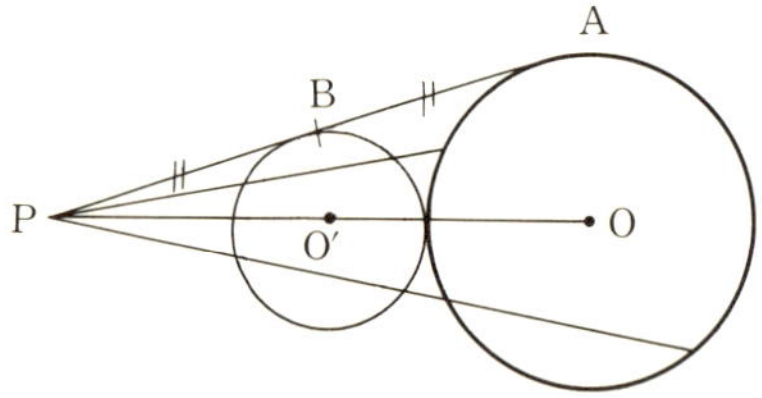

PA：PB＝2：1（一定）

(4) アーネシー曲線（迂《う》弛《ち》線）

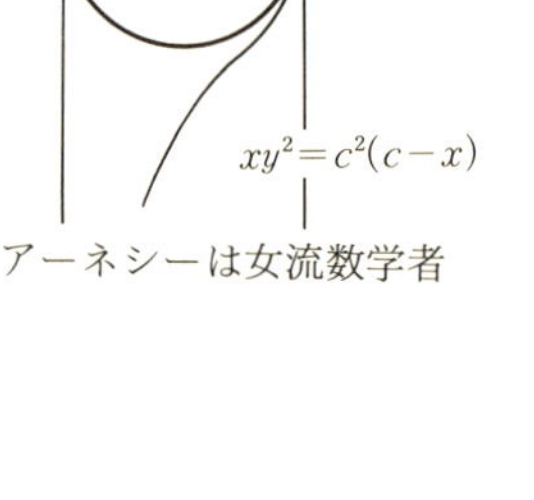

(注)アーネシーは女流数学者

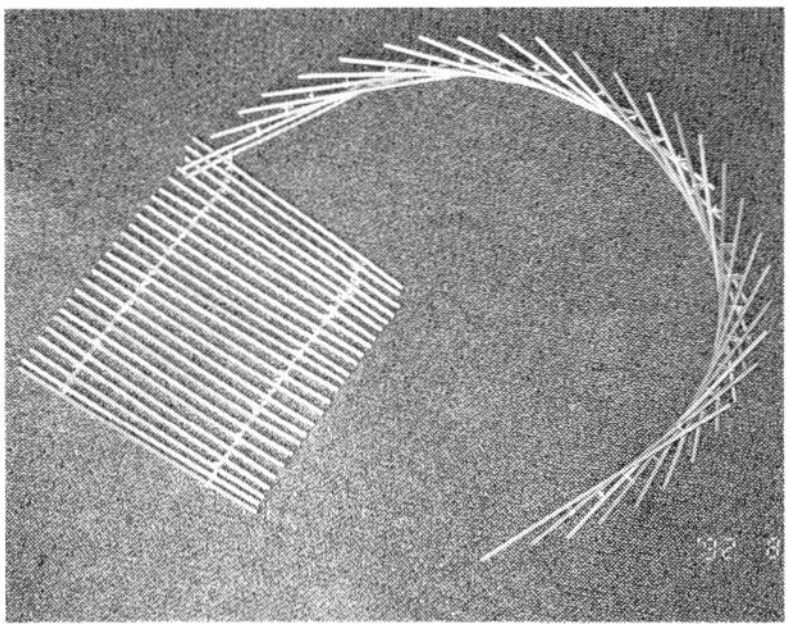

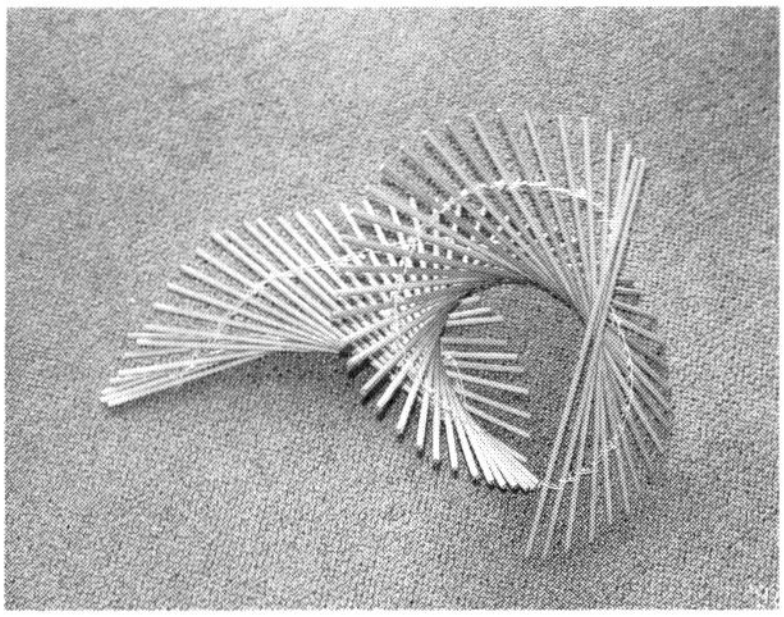

いささか、めんどうな図形になったので、ここで〝お遊び〟を登場させることにする。

有名な『南京玉すだれ』による美技、美形をお見せしよう。

大学時代「マジシャンズ・クラブ」に所属し、教育実習のとき生徒に腕前を披露して人気を得た、という蕪山君に協力して頂き、上のものや各扉の南京玉すだれを写真に撮ってもらった。

南京玉すだれは、直線の棒五〇本から作られているものである。しかし、見事な曲線ができた。

あなたも、棒から円図形を創作する楽しさを味わってみてはどうだろう。

バトン・トワラーズの棒の回転も素適だ。

閑話休題

竹細工の妙

〝竹〟といえば、真直ぐの代表。

しかし、これにいろいろと手を加えると、見事な曲面をもつ立体物ができる。

『南京玉すだれ』と同様、中国からの伝来であるが、器用な日本人の手によって竹の美しさで、優れた立体物——数学としての立体図形——が数多く作られている。

いろいろ身の回りから探してみよう。

電気の傘

ドーナッツ体

椅　子

ねじれ円柱

枕

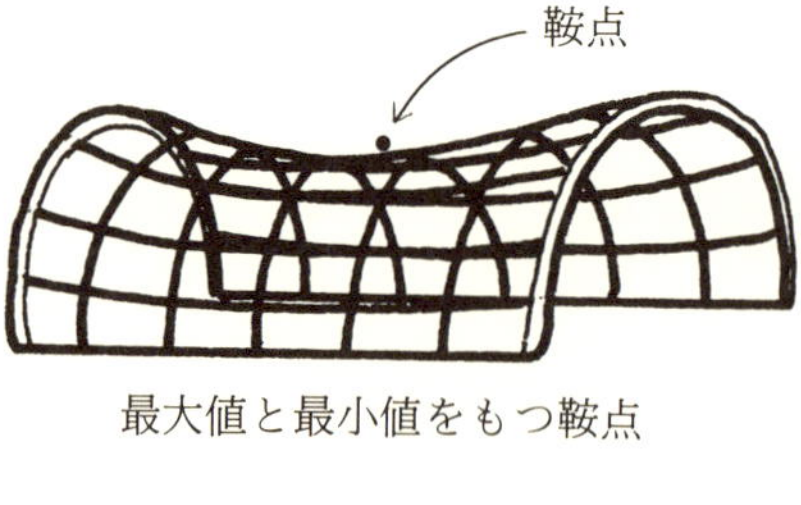

最大値と最小値をもつ鞍点

第2章

経線0°の英仏争い

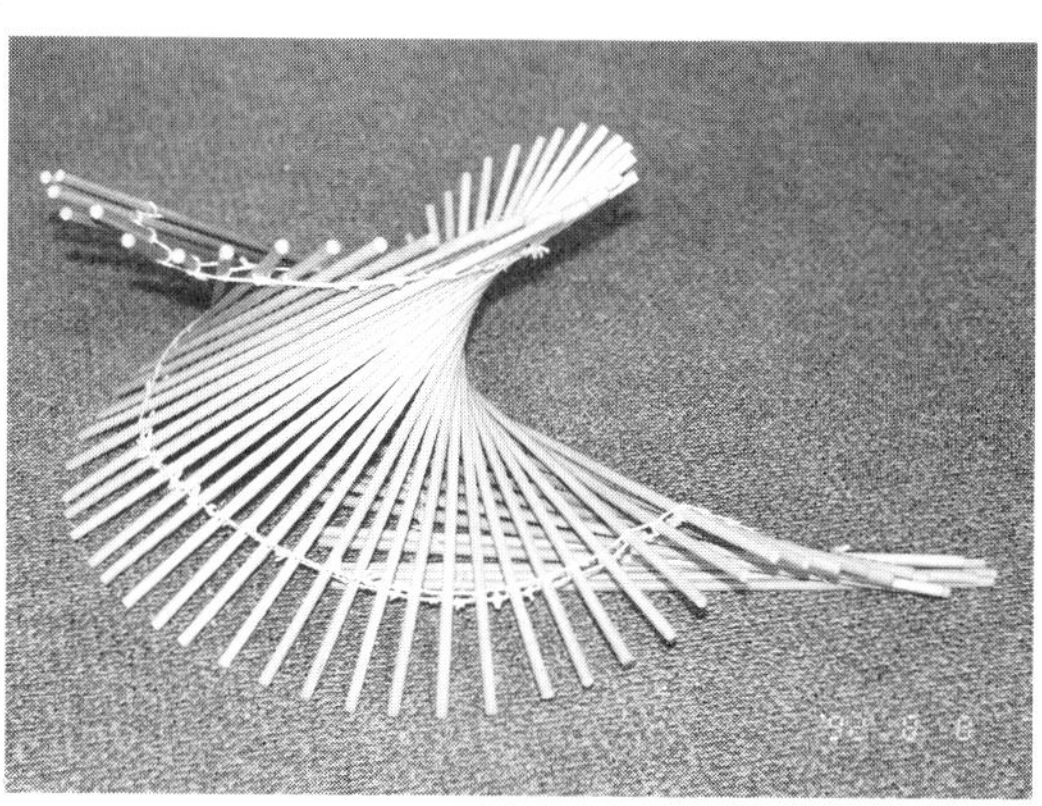

300年間活躍したグリニッジ天文台
（経線0°の地点）

一、永遠に年をとらない法

暦のカラクリ

イギリス行きでは、三須照利教授は妙なことに気がついた。

成田空港を午前一一時に出発して、一二時間も空を飛んでいたのに、窓の外はズ〜ッと明るく、ロンドンのヒースロー空港に着いたのは現地時刻で午後二時。未だ空は明るかった。

東京—ロンドンの時差は九時間であるが、ジェット機が今より早くなり、この間を九時間で飛べるようになるとどうであろうか。

成田空港を午前一一時に出て、ヒースロー空港に同じ日の午前一一時に着くことになる。

つまり、この間、自分は年をとっていないことになっているのではないか？

もし、ジェット機が五時間で飛べば、自分は若返ってしまうことになる。——もっと早くなると、自分の過去へもどることになる……。サテ？

こんなわかるようでわからない疑問を解決するために、親戚の浦島万百郎《まもろう》さんの家へ遊びかたがた訪ねた。

浦島万百郎さんは、有名な浦島太郎の子孫で、浦島家では太郎の子を二郎、二郎の子を三郎、と順に名をつけたが、長く子孫が続いたため、百郎、千郎、万郎という呼び名を江戸時代からやめて、「万百郎」に統一し代々これを引き継いできている。

彼は奥から古びた箱を持ってきて、中の巻物を見せながら、

「三須さん、わが家に伝わる『浦島太郎の物語』は世俗のものとはだいぶちがうんですよ。

浦島太郎がいつものように浜に出ると、近所で通称カメと呼ばれている人が倒れていた。太郎が介抱してやると息をふきかえし、お礼に素晴らしいところへ案内する、といって船の形をしたカプセルに連れて行った。太郎はこのとき初めてカメは仮名《カメー》で、実は宇宙人であることがわかったそうだ。

このあと、とても考えられないスピードで地球を去り、アンドロメダ星雲の中のドラゴン・スタ

ー（物語では竜宮城）という惑星に到着し、ここであの物語にあるような楽しい日々を過したということ。」

ダマッテ話を聞いていた三須照利教授は、自分が予想した宇宙人による〝エイズを使った地球人全滅作戦〟と話が結びつき、浦島さんの話が本当に思われてきた。

いろいろな童話も多くの場合、真実の話が伝説化されている。

『八岐《やまた》の大蛇《おろち》』の八つの頭は、実は八人の山賊。『鬼が島』の鬼は漂流して住みついた大男の外国人達などというのが、その例である。

彼はこんなことを考えながら、浦島さんに質問した。

「お土産の箱のふたを開けたら、白い煙が出てきて、一気に白髪の老人になった、という話はどうなんだい。」

「これは、浜にもどりカプセルから出たとき、地球年代に変換されたわけだよ。

箱とか白い煙とかは、童話としての装飾に過ぎないサ。

この話は、先祖から秘密事項になっているが、君は親戚だし、研究者なので特に話したんだよ。

もっと科学が進歩すれば、宇宙人が地球に来たことが実証されるだろう。」

「私は、いま万百郎君の話を聞いていて、かねがね考えていた仮設を思い出したよ。」

「宇宙人のことかい？」

「桃から生まれた『桃太郎』、竹から生まれた『かぐや姫』は、二人とも宇宙人であった、というものさ。石から生まれた『孫悟空』もそうではないかと思うね。」

「孫悟空は石の〝化身《けしん》〟といわれているでしょう。何々の化身というものは、みな宇宙人だと考えていいでしょうね。問題は、どうやって地球に訪れ、去って行くのか、ということだ。」

すっかり浦島さんと意見が合って、いよいよ力が入り、

「私はUFOは信じないね。あれは地球人の発想と幻想だよ。宇宙人は地球人より遙かに頭がいいから、地球人の目に止まるようなことはしない。

では、どうやって地球へ来るのか、というと、テレビの映像が、カメラで映した像を点に分解し、電波にのってブラウン管の走査線によって再び映像になるように、〝宇宙人を点に分解して地球へ送り、地球上で組み立てる〟そういう方法だろう、と予想しているんだよ。」

「サスガー、三須さんの発想はおもしろいナ。

ぼくはズゥーとUFO支持者だったけれど、三須さんに洗脳された。」

同調者を得てニコニコしはじめた三須照利教授は、話を続けた。

「まだ、浦島太郎のような、宇宙旅行者がいたと思う。

中には、地球人で宇宙の星にとどまったままの人もいる

と考えられるね。」

さて、「永遠に年をとらない法」というのが、本当にあるのだろうか？

この〝年をとらない〟という意味には二つがある。

㈠　暦年齢がふえない。

㈡　肉体年齢がふえない。

まず㈠では、よく未開人が「あの老人は二百歳だ」などというように、社会で暦をもたないこと、あるいは、地球上から離れた、本当の意味の〝静止衛星〟（現在は、地球と一緒に動いている衛星のことをいっている）に住み、昼夜のない、移動のないところにいること。――浦島の竜宮城――

一方、㈡は、古来から、王侯など身分の高いものが必死に試み、八方に手を尽して薬を探させたり、ときには、動物や人間の胆を食べたり、などしているが、誰一人成功したものはない。あと残された方法は光より早く宇宙をとび回るか、冷凍人間になって生き続けるしかないであろう。

ここまで考えてきた三須照利教授は、㈡はあきらめ、一見年をとらない㈠の暦年齢の方にこだわってみることにした。

〝暦〟とは時間のことである。

では、時間とはどのようにしてきめられているのであろうか。

二、日本標準時の明石

日本の時刻

六月一〇日は、日本では「時の記念日」といわれている日である。

この日、三須照利教授は、日本標準時のある明石市の、子午線上のモニュメントと天文科学館、そして明治四三（一九一〇）年に建てられた最初の子午線標識を見学した。

（資料提供：明石市役所）

上の『通過記念証』は、東経一三五度の日本標準時子午線のまち〝明石〟を通過したことを示す市商工観光課発行（第三〇回目）のものである。

このとき彼は、次の二つの疑問をもった。

○なぜ、六月一〇日が時の記念日なのか。

○なぜ、日本の標準時が大都市でもない明石市にあるのか。

日本では「〇〇の日」というのは、語呂

明治43年に建てられた最初の子午線標識
（資料提供：明石市役所）

合わせが多く、三月三日（耳の日）、八月七日（鼻の日）などが有名であるが、一方一〇月四日（一〇四《いわし》、鰯の日）、一一月一八日（十一と十八から土木の日）など文字からくるものがある。

　とすれば「時の日」は十月十八日（十《と》と木《き》）がいいのではないかと彼は考えた。では六月一〇日はどこからきたものであろうか。

　わが国で初めて人々に時刻を知らせたのが、西暦六七一年六月一〇日、天智天皇が漏刻（水時計）を使い、時を鐘鼓で伝えた――日本書紀による――故事から、一九二〇（大正九）年に六月一〇日を「時の記念日」として制定したという。

　さて、次の明石が日本標準時となった根拠を調べてみよう。

　後に詳しく述べることになるが、一八八四年、ワシントンで万国子午線会議があり、このときイギリスのグリニッジ天文台を通る子午線を、本初子午線とし、世界の経度と時刻の基準が定められた。

　これから、明石市が日本標準時になるが、これは一八八八（明治二一）年一月一日午前零時から実施された。明石に決まる根拠には、一つの計算が必要になるのである。

世界各地の標準時

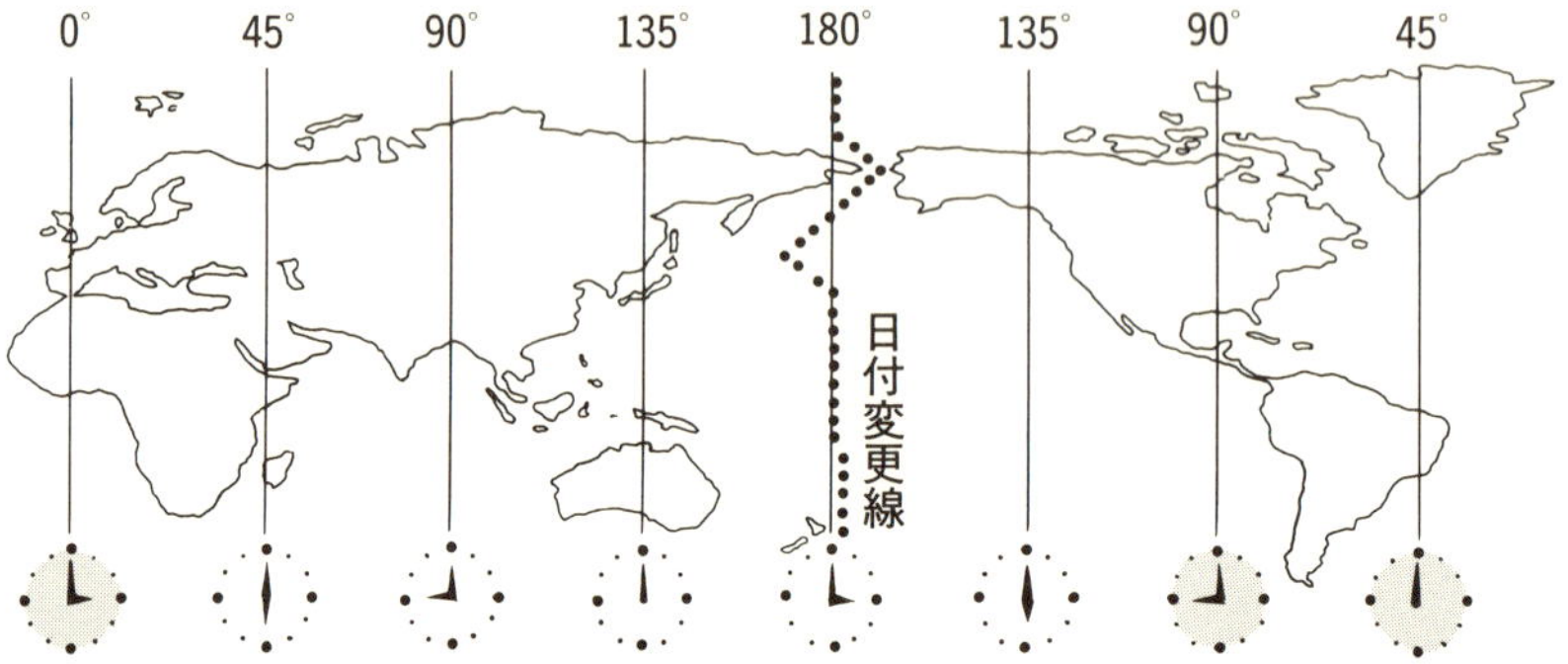

（資料提供：明石市役所）

地球の１回転は360°，一日は24時間であるから，
360°÷24＝15°　つまり，１時間に15°地球が回ることになる。
明石市が経線135°上にあり，グリニッジ天文台とは，
135°÷15°＝９（時間）の時差があることになる。

地球は球形であるが、これを基準のグリニッジ天文台の経線0°で切り開き展開し、各地の標準時を記すと、上の図のようになる。

上の計算からわかるように、経度が15°隔たるごとに一時間ずつの時差ができることから、いろいろミステリアスなことが起きる。これについては後にふれることにしたい。

ここで人間生活や社会にとって〝時間・時刻〟とは何かについて考えると、まず世界の経線がない江戸時代の時間・時刻はどうであったのか。

昔の時刻は、十二支をもとにし、「子の刻」は午後一一時から午前一時としてあと二時間ごとに丑、寅、……と定めている。現在、日常語として用いている〝正午〟はこれからきたものである。

また、本項でしばしば登場する〝子午線〟の語も、右の方位で南北線からきたもので、いずれも中国伝来語である。

江戸時代になると、右下のような時刻付けとなり、有名な間食の言葉で、四ツ（午前一〇時）、オヤツ（八ツ、午後二時）はよく知られている。昔は「お江戸日本橋七ツ立ち」の歌や、「草木も眠る丑三ツどき」なども日本人に親しまれたものである。

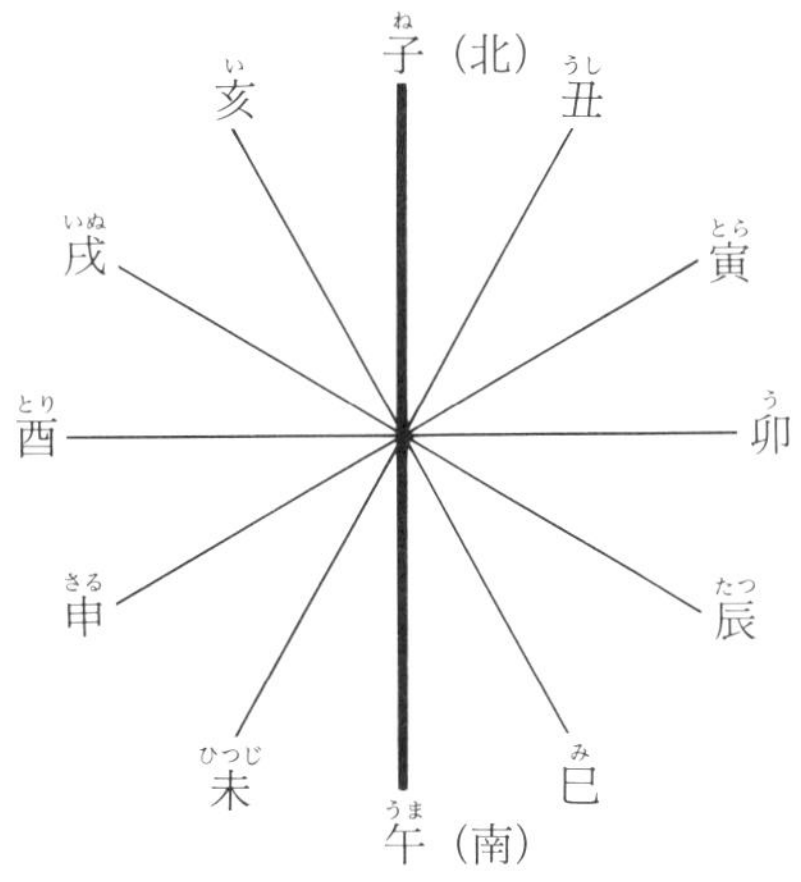

子午線

正午（「午の刻」は午前11時から午後1時で，その真中）

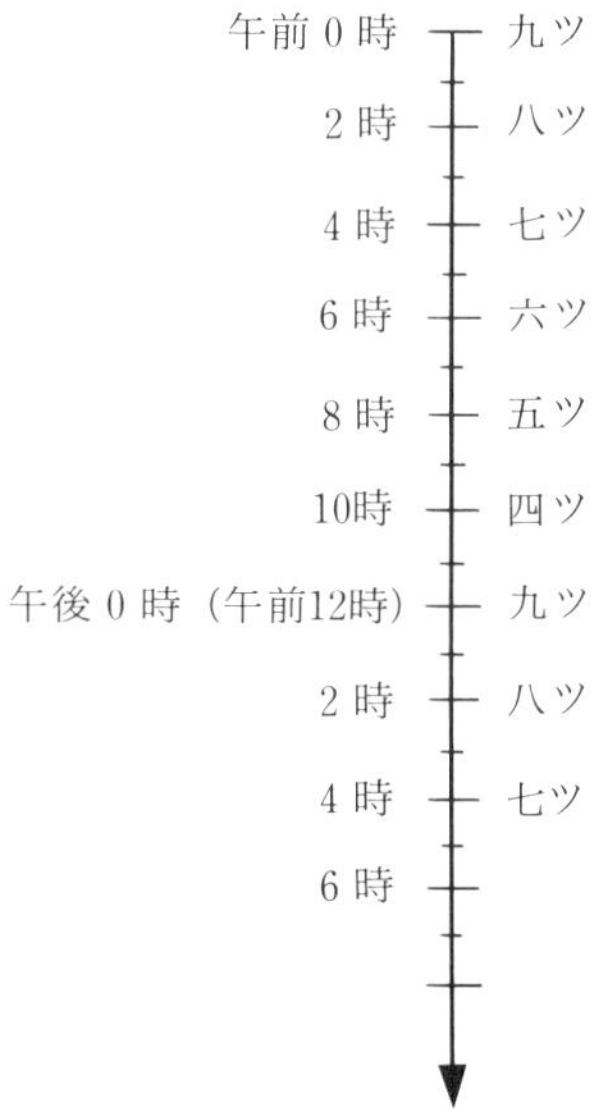

三、経線0°の意味

世界共通の時刻

一三世紀に、聖地エルサレム奪還のため遠征したキリスト教徒の集団『十字軍』は、当時先進国であったイスラム教徒から多くのことを学んだが、その一つに〝海図〟がある。

ヨーロッパ一五世紀の大航海時代になると、より正確な海図が作られるようになり、同時に世界地図が必要とされてきた。そして一七、八世紀ともなると「世界が一つ」という時代になった。

こうしたことから、いつしか世界共通の時間・時刻が必要となり、ここで基準をどこにするかが、重要な問題になった。基準、ヘソ、0地点、これは世界中にいろいろある。

○インカの首都クスコ（クスコは世界のヘソの意味）
○イースター島にあるロンゴ・ロンゴという石（地球のヘソ）
○京都を日本のヘソとした時代があった（政治の中心）
○ローマの遺跡フォロ・ロマーノの0地点（ローマの道の基点）
○フランスのパリにあるシテ島の0ポイント（地面に印がある）
○日本橋にある旧東海道の一里塚の0地点（基点）

パリの国際時報局（天文台）

グリニッジ天文台，0° ライン

などが有名であり、世界中「わが国こそ世界のヘソ（中心）」と考えたものである。

三須照利教授は、こうした人間の心理の中で、どのような経過で、地球の経線0°がグリニッジ天文台になったのか、をいろいろ調べてみた。

一七世紀以降、先進各国は、それぞれの歴史的背景で基準線をもっていたが、その主要なものは次の三つであった。

イギリス——チャールズ二世によって、一六七六年、グリニッジ天文台が創設されたが、ここが「海の玄関」でもあることから基準にした。

フランス——ルイ一四世によって、一六八五年、パリ天文台が創設され、これが基準になった。後の国際時報局である

その他——当時、カナリア諸島が世界の最西端の陸地と考えられていたので、ここを基準とした。（後にアメリカ大陸発見があった）

〔参考〕　前ページ写真の〝指さすところ〟に、経線0°の線がある。パリの方は予定。

一八八四年に世界二五ヵ国（日本も参加）が参加した、ワシントンにおける万国子午線会議では、世界中に広大な植民地をもち、国力が格段に優れたイギリス、フランスの争いとなった。

その結果投票となり、〝二二対三〟でイギリスに決定したのである。

以上の予備知識をもって三須照利教授は、れいの箱型黒タクシーに乗り、ロンドン郊外でテムズ河が大きく湾曲した南岸に建つ国立海洋博物館の、裏手に広がる高台にあるグリニッジ旧天文台を見学した。

この高台は緑の芝生におおわれた広場で、建物は天文台だけであり、眼下に海洋博物館がみえ、その先に蛇行するテムズ河が流れる素晴らしい景色である。

ここは、イギリスが世界一の海運国であったときの、海運・海軍力の中心地で、イギリスの〝海の玄関〟と

天文台の全景

呼ばれた繁栄時代がしのばれる。

ナゼ、グリニッジが世界の基準なのか、の疑問がこの風景で解けたような気がするのである。「答のない問題」に思えた経線0°に、見事に答が得られた。

初代台長はフラムスチードで、ハレー彗星で有名なハレーも一七二〇年天文台長になっている。博物館の一室に歴代天文台長の写真が掲げられていた。

グリニッジ

この天文台から多くの優れた天文学者が輩出し、天体の精密位置の観測や航海暦の編集など大きな貢献をした。ここは後に博物館となり、二階建一〇部屋ほどに記念品、天文観測器具、あるいは解説文や写真など、いろいろな展示がされていて小・中学生の見学場所にもなっている。

約三百年活躍したこの天文台も、ロンドン市の光害や大気汚染のため、一九四九年に南東約八〇キロの郊外サセックスのハーストモンソー城に移された。

館長と大望遠鏡

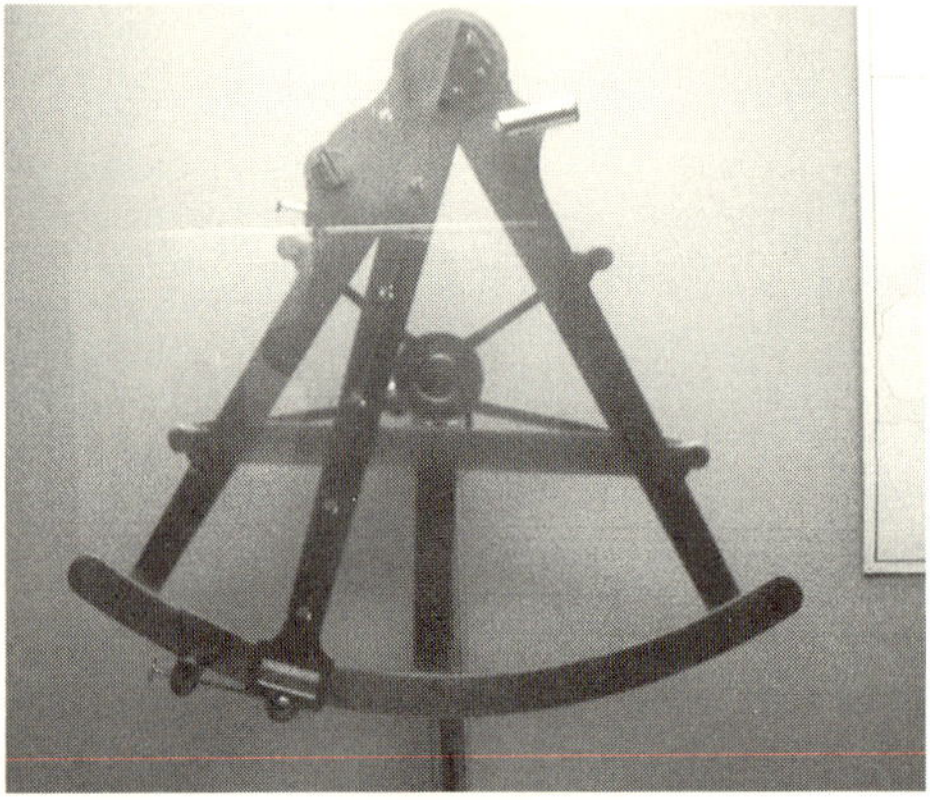

仰角測量器

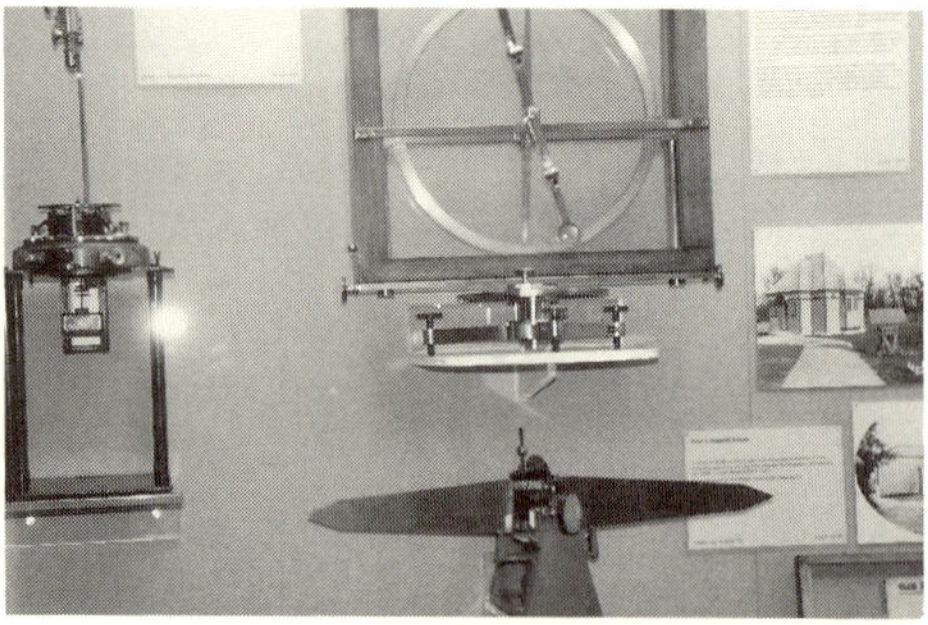

いろいろな天文観測器具

ハーストモンソー城（写真）

ここは有名な「幽霊城」である。

それが原因したわけではないであろうが、わずか三二年程で、天文台はケンブリッジへと移された。

現在、世界標準時はフランスのパリ国際時報局（六五ページ）にある原子時計によっている。

ある日、新聞をみていた三須照利教授が、ハッとして目を止めた記事があった。見出しが、

〝古城　英で売り出し〟

というものでAP通信として伝えられたものは、次のような内容であった。

「三〇余年間、世界の標準時を刻み続けたハーストモンソー城が、六百万〜一千万ポンド（約一四億三千万〜二三億八千万円）の予想価格で売り出された。買い主は、天文台に所属する望遠鏡、経度ゼロをしるす真ちゅう製の本初子午線標識とを除き、濠《ほり》や地下牢《ろう》を含め城の全体の所有者となる。

この城に話として伝わる幽霊もまた、新所有者のものになる。」

最後の一行がなかなかユーモラスではないか。

もっとも、ここの天文台員は三〇余年間、幽霊と付き合ったわけであるが、どんな幽霊が登場したか聞きたいものである。

閏《うるう》秒

一年間は三六五日五時間四八分四六秒（365.2422日）で、実際の一年間より約六時間長い。このため四年に一回〝閏年〟を設け三六六日として調整している。

時間にも閏秒というものがある。

一九七二年から、原子時計が世界標準時の物指しとして使用されるようになって以来、ほぼ毎年（この三五年間に二三回）閏秒を設けて調整している。

これは、標準時を刻むセシウム原子時計と、実際の地球の自転とのずれの調整で、パリの国際時報局の決定で世界同時に実施する。日本の標準時の管理は情報通信研究機構である。

最近では、一九九四年七月一日、一九九六年一月一日、一九九七年七月一日、一九九九年一月一日、二〇〇六年一月一日である。それぞれ一秒閏秒が加えられた。

二〇〇六年一月一日の時は、一月一日午前八時五九分五九秒の次に一秒を加え、五九分六〇秒とした。その次が九時〇〇分〇〇秒になったわけだ。

日常生活では「たかが一秒」と思うが、社会上ではときに〝一秒ちがい〟で結果が大きく異なってしまうことがある。ミステリーな一秒なのである。

〃答のない問題〃とは？

「〃数学〃というのは、ある問題に挑むに当って、それを解く方法もわからず、答があるか、ないか、のわからないものを研究する学問である。」

といわれている。とりわけ最近の応用数学では、この傾向が顕著である。

ということになると、学校で学ぶ数学では、解き方も見当がつくし、もちろん答が必ずある問題ばかりであるから、〃本当の数学〃を勉強していることにならない。せいぜい数学の研究方法を学ぶ（練習する）ということになる。

六ページの閑話休題の算数問題では、「いま何人かはわからないが、初めより六人ふえたことはわかる」、つまり、初めa人とすると、いまは（a＋6）人が答で、答のある問題となる。

数学の問題解決では左の四つのタイプがあることを知ろう。

- 問題
  - 答がある
    - 解けた
    - 解けないことがわかった（例、作図の三大難問）
  - 答がない
    - 条件をつければ解ける（右の例、不定問題）
    - 何ともわからない（未解決か不能問題）

四、時差と日付変更線

球面と平面

三須照利教授が、時差や日付変更線に興味をもったのは、二〇数年前に、初めて外国旅行した折のことである。それは、アメリカのロサンゼルスで過したあと、サンフランシスコにあるバークレー大学での数学教育国際会議へ出席するためだった。(拙著『ディズニーランドで数学しよう』参考)

成田空港を発ったのが、彼の〝誕生日〟の八月九日、一八時四五分。間もなく夕食の機内食が配られたとき、老秘書（妻）とササヤカな乾杯をした。

そして一眠りしたとき、機内アナウンスの声で目を覚まされた。

「ただいま日付変更線を越えました。いまは八月九日午前六時です。どうぞ時計をお合わせください。」

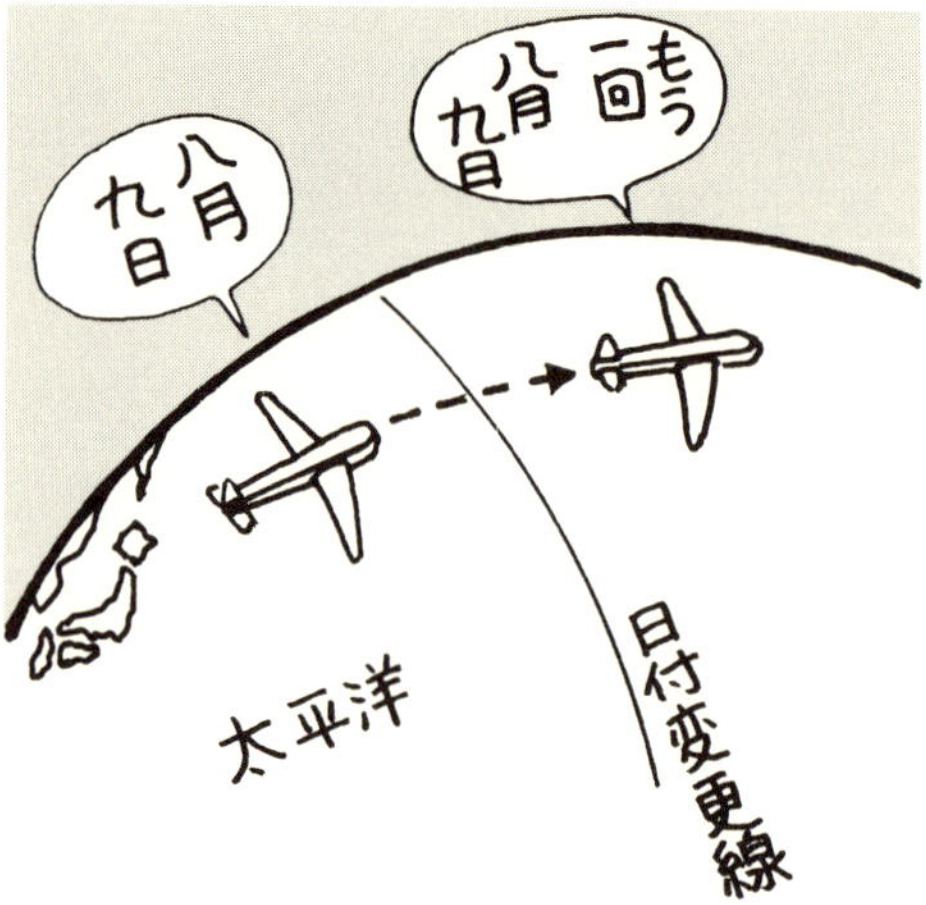

球面を平面で考える

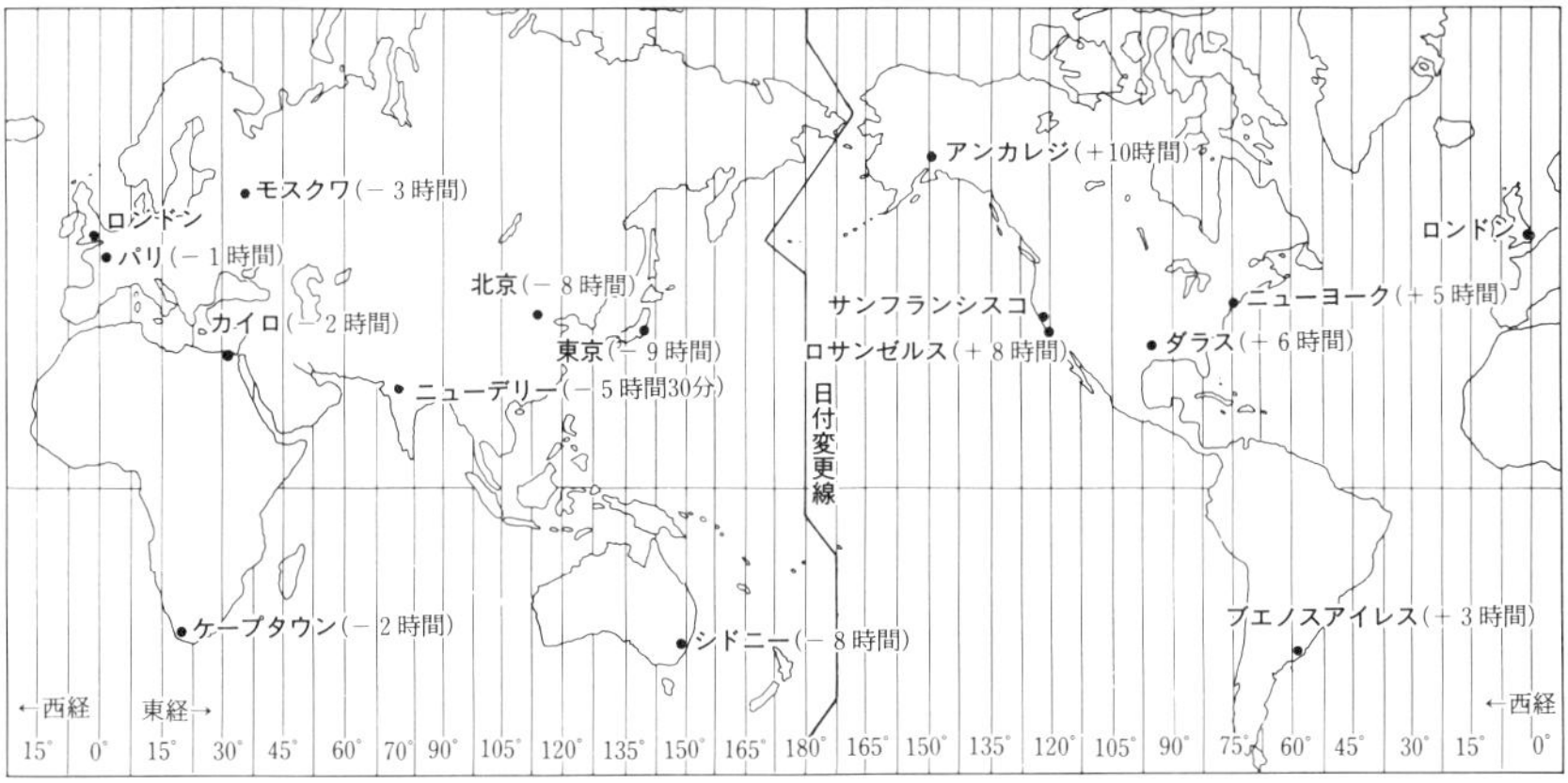

彼は、日付変更線の知識は一応もっていたが、自分の誕生日が一年に二回もあることにビックリしながらも、朝の機内食のとき、不思議な思いで再び老秘書と誕生日の乾杯をしたのである。

ロサンゼルス空港には、八月九日一七時五分に到着したが、この日付は、時刻的にいうと成田発以前であり、

〝自分が飛行機に乗っていた時間は何であったのか〟

と彼はこのミステリアスな時間帯に疑問をもった。

このとき、腰をすえて世界標準時や日付変更線の入った地図に熱中したものである。

上図は、ロンドンにあるグリニッジ標準時を正午（午後0時）としたときの世界各国のずれを、−は進んでいること、+は遅れていることを示すものである。

当然のことながら、日本（正しくは明石市）は−9時間、日付変更線は午前0時になっているし、ロサンゼルスは+8時間である。

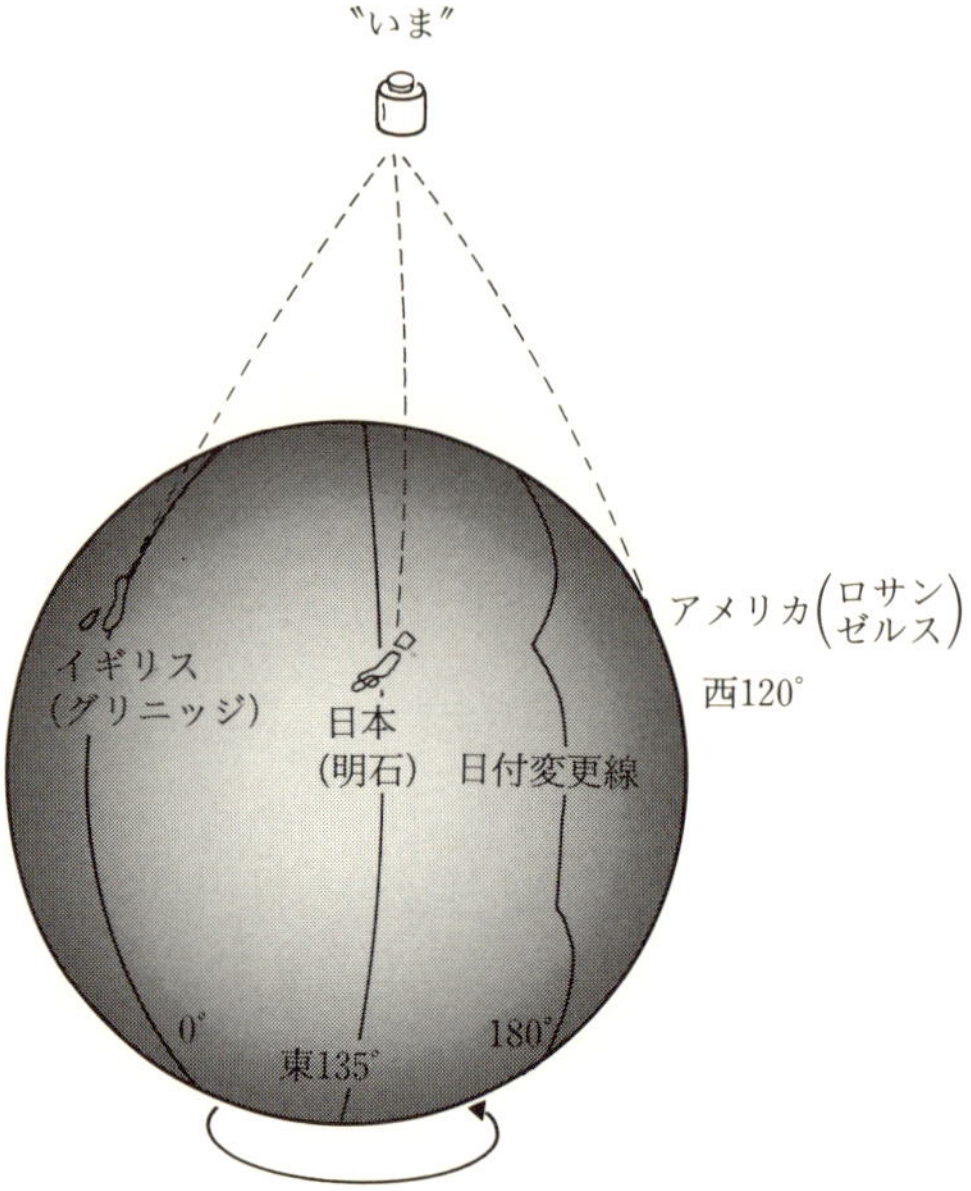

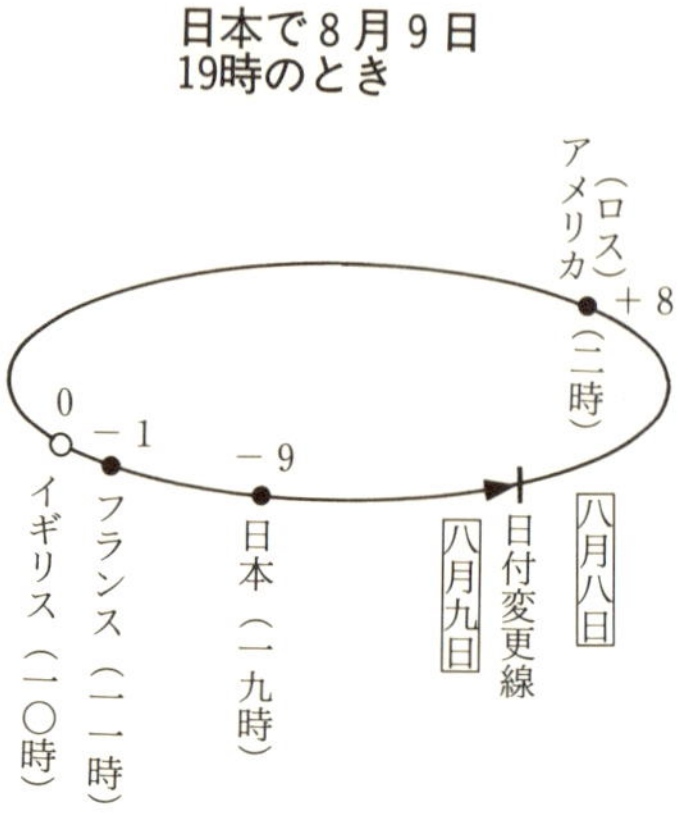

フランスのワイン「ボジョレー・ヌーボー」のその年の販売日は、世界中同日同時刻（一一月第三木曜午前0時）に売り出されることになっている。すると、日本では本家のフランスより時差分の八時間も早く購入飲酒することができる、という〝時差のミステリー〟がある。

混乱することを整理するために、日本を基準とし、三須照利教授が八月九日一九時ジャストに成田を出発するとしたときの他国の時刻を上の二つの図で表してみた。

日付変更線（date line）の妙

日付変更線は、彼の誕生日の妙のほかに、いろいろな話題がある。

① 映画「八〇日間世界一周」で〝もう記録が作れない〟と思ったとき、日付変更線を越え一日分ふえて記録が立てられた。

② 太平洋戦争（第二次世界大戦）の開始は、日本では一二月八日（月）未明であったが、ハワイは七日（日）朝であった。

ホテルのフロントの標準時計

世界標準時計
（天文台入口の門柱にある）

今回の『答のない問題』の探訪で、夕方、ロンドンのホテルに着いた三須照利教授はフロントで手続きをしようとしたとき、壁に三つの時計があるのに気付いた。みると、

・中央の六時四〇分がロンドン時刻
・右は三時四〇分で東京（午前）
・左は一時四〇分でニューヨーク（午後）

となっている。

時差が東京とは九時間、ニューヨークとは七時間と計算通り一致していて、当然ながら、大きく納得した。

そしてすぐ次のことを考えた。

今回、飛行時間は一三時間であったが、航空機の性能がさらに向上し九時間で行けるとなると、時差が九時間なので、成田空港出発と同日、同時刻にロンドンのヒースロー空港に到着するという、同じ人間が同じ時刻に別のところにいるという不思議が起きる。

〝西回り〟（イギリス行き）になると、人間が移動しながら時刻（時計）は停止してしまっている。

〝東回り〟（アメリカ行き）になると、丸一日分がどこかに行って、同じ日を二回もてる。

このミステリーは何なのか。

こうなると、犯罪裁判や推理小説での「アリバイ」（間接証明）という見事な事件解決の鍵がなくなってしまうのではないか。

かつて古代ギリシアではツェノン（紀元前四世紀）が四つのパラドクスを提言した。

㈠　アキレスと亀　㈡　二分法　㈢　飛矢不動　㈣　競技場

ここではそれぞれの内容の解説は省略する。（拙著『ピラミッドで数学しよう』参考）

ツェノンは、この四つのパラドクスを通して、無限、連続、分割、運動、そして〝時間〟についての難問を「数学の世界」に投げかけた。

その結果、数学者たちは、これらに巻き込まれて混乱し、泥沼におちいることを恐れて、ナント！一七世紀まで避けて通ったのである。

さて、世の中が高速化され、ジェット機は音速を遙かに超す時代となった。人類は、少なくとも数学や物理の世界では、再び〝時間〟のパラドクスにかき回されることになりそうなのである。

五、0から始め1から出直す

時間を一〇進法に

古代文化民族は、農耕社会であったので、天文観測による「暦作り」（広い意味の時間作り）がおこなわれ、施政者は祭事、農事の暦作りのため、天文学者であり、数学者であることが多かった。

古代において時間・時刻は〝日時計〟が使用されたが、その後いろいろ考案された。

- 回転法
  - 日時計
  - 針時計（ぜんまい、電池、電気、水晶）
- 減量法
  - 水時計（漏刻型、浮沈型）
  - 砂時計
  - 火時計（せん香、ロウソク、火縄）
- その他
  - デジタル時計
  - 電子時計

火時計

日時計

日時計は、曇や雨の日には役立たない上、生活の一日の刻みが細かくなり、また社会生活に正確さが要求されてくると、前ページのようにより正確な時計が創案された。

しかし一貫して、一日は二四時間、一時間は六〇分、一分間は六〇秒であった。

この起源は遠く五千年余の昔、メソポタミアのシュメール人の文化に発している。

この民族は一年間を三六〇日としたことと、円周を半径で切ると六等分でき、中心角が六〇度になることなどから、〝六〇進法〟によったという想定があるが、これが人類の文化に深く、長く浸透したのは驚くことといえよう。

現代が一〇進法の時代であることから、時間も一〇進法にしてみてはどうであろうか。

時間を10進法にすると…

1日＝10時間
1時間＝100分
1分＝100秒

とすると，
1日＝100,000秒
現在の1日は，
1日＝86,400秒

北半球では影が右回りになる
(針時計が右回りの根拠)

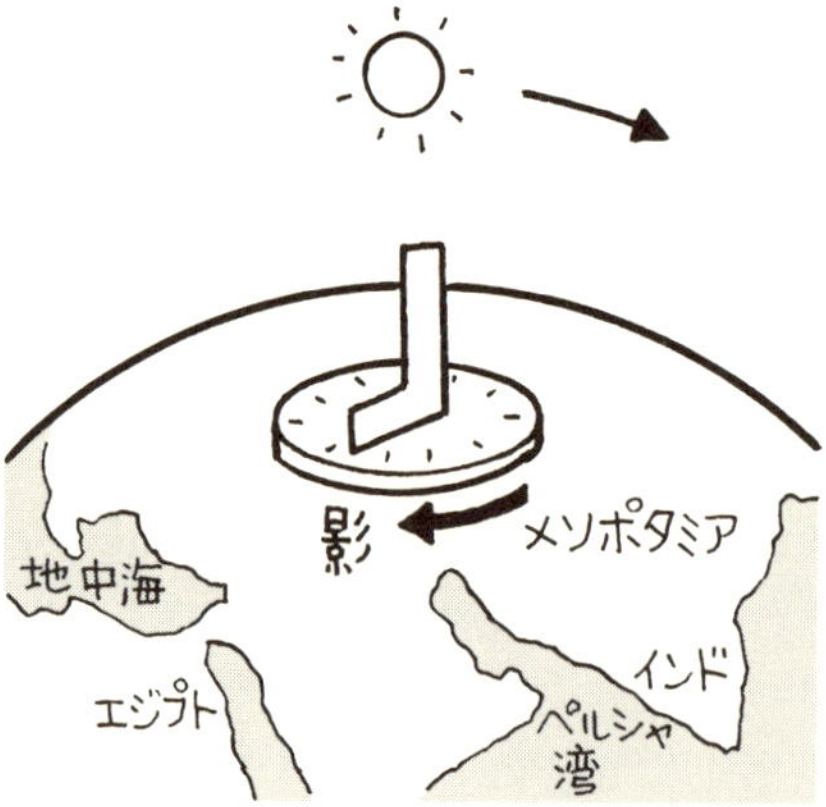

三須照利教授は、かつて世界の各民族・各国家がまちまちの度量衡（長さ、かさ、重さ）の単位を用いていたのに、一九世紀初めにフランスが一〇進法による『メートル法』（次章）を創案したとき、ナゼ、時間・時刻もメートル法に統一しなかったのか、これがふしぎでならなかった。

あるとき友人との雑談の際、この話をもち出したところ、

「一日は二四時間、一時間は六〇分、一分は六〇秒、と世界中で決めているのに、いまさら簡単に換えられるかい。」

と一笑に付されたのが、いつまでも頭に残っている。

彼は、前ページのように、一日を一〇時間とし、分、秒は1 m＝100 cmのように、一〇〇進法とすると、現在との一日の秒数の差は、100,000秒－86,400秒＝13,600秒となる。

そこで、現在の一秒間の長さを少し短くする。ただそれだけで片付く問題である、と考えた。

もちろんこれによって、スポーツの全記録は書き換えられることになるが、それはせいぜい最近五〇年間のことで、人類のこれから千年、一万年の記録のことを考えれば、何ということもない。

わが国の場合、明治に入ってそれまでの太陰暦（旧暦）を西欧に合わせて太陽暦（新暦）に変えたが、百年後の現在特に困ったことはない。いまなお、旧正月、旧お盆、旧暦の大暑などとかつての習慣を残している程度である。

これからわかるように時間・時刻を六〇進法から一〇進法に換えても特に混乱はない、といえそうである。

一年間を一〇ヵ月にすることはできても、一年の三六五日は何ともしようがない。こちらの方の一〇進法は放棄するとして、時間と角度は一〇進法、つまりメートル法の仲間入りをさせたい、というのが彼の主張である。

彼はいつの日か、時間・時刻が一〇進法に換わることを夢みている。

さて、話を最初の経線0°にもどし、ものの基準について考えてみよう。

地球儀や地図の経線をみると、〝負の数〟はない、のになぜ基準が0なのか？

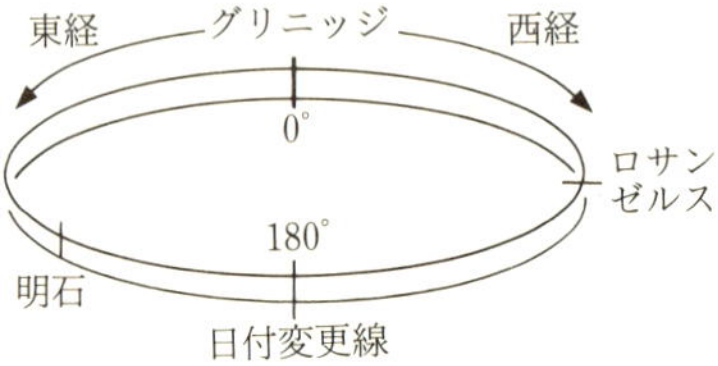

グリニッジ天文台の博物館の中には、ちょうど経線0°の白いライン（足元の廊下から外に向って引いてある）の真上に上の掲示板がある。つまり、このところから東経と西経が出発するわけであるが、この点を1とするか0とするか、なのである。

ここで、日常・社会の中で基準を設けているものを、思いつくままにとりあげてみよう。

〝0から始め1から出直す。〟

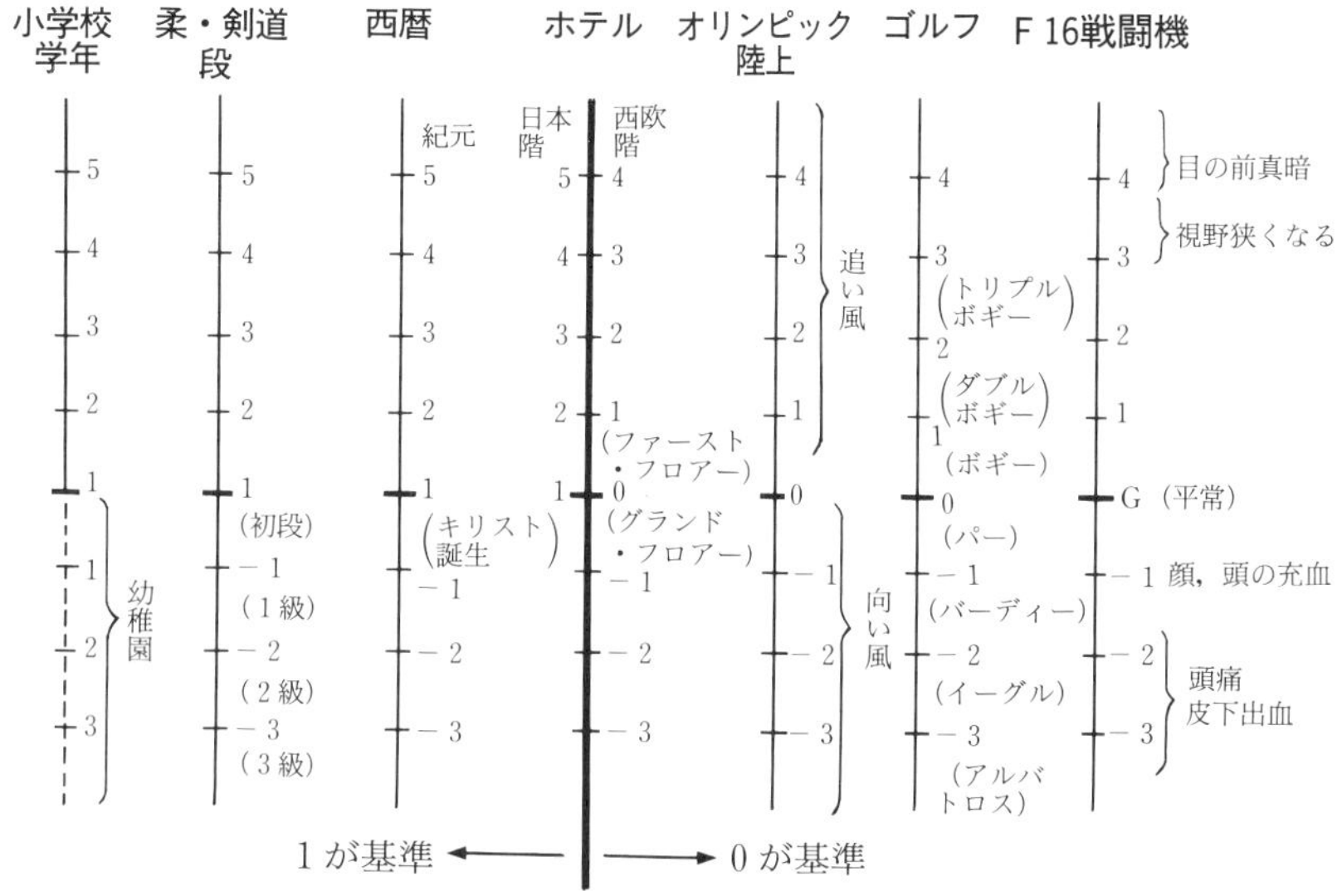

という言葉があり、どちらも出発点として用いられるが、上の例のように、

「0」は+、−、つまり整数表現の基準として、

「1」は自然数の土台として、

というのが一般的な使い方であることがわかる。

経線は、東経と西経が対称的にあり、+、−で表現できるので、基準は0でよいが、実際は負の数を使っていないので、1でもさしつかえない。

西暦紀元では、紀元前後の基準点（キリスト生誕年といわれる）が、0ではなく1である。

日本でのビル、ホテルの階の呼び名に0階がないのと似て興味深い習慣である。

〃ファジイ〃は0と1の間

長い間、数学や科学の世界では「あいまいさ」を避け、数式化できる明確なものを対象としてきた。コンピュータはその代表といえるものであろう。コンピュータは電流が流れるか、流れないか、数学上では1か0か、の二進数による機械である。

ところが一九六五年提唱のファジィ理論では、その間の部分、たとえば暑い（1）、寒い（0）に対し、「少し暑い」「相当寒い」といった0.7や0.2も表現できる。

この「あいまいさ」の理論が日常・社会生活へ応用されるようになり、一躍話題になった。

ファジィ（fuzzy）は、鳥のうぶ毛からの造語で「ふわっとしたもの」の意味。

ファジィ理論の応用例

家電製品——カメラ、ビデオ、炊飯器、掃除機、洗濯機、冷暖房機など
交　通——自動制御装置や電車バスのダイヤ自動編成
機　械——故障原因の診断
住　宅——エレベーター管理など
金　融——証券投資の売買判断
レジャー——最適なゴルフクラブの選択
醸　造——高度なカンを必要とする酒造りの製造管理
病　院——医療機器による健康管理

第3章

メートル法の創案とフランス革命

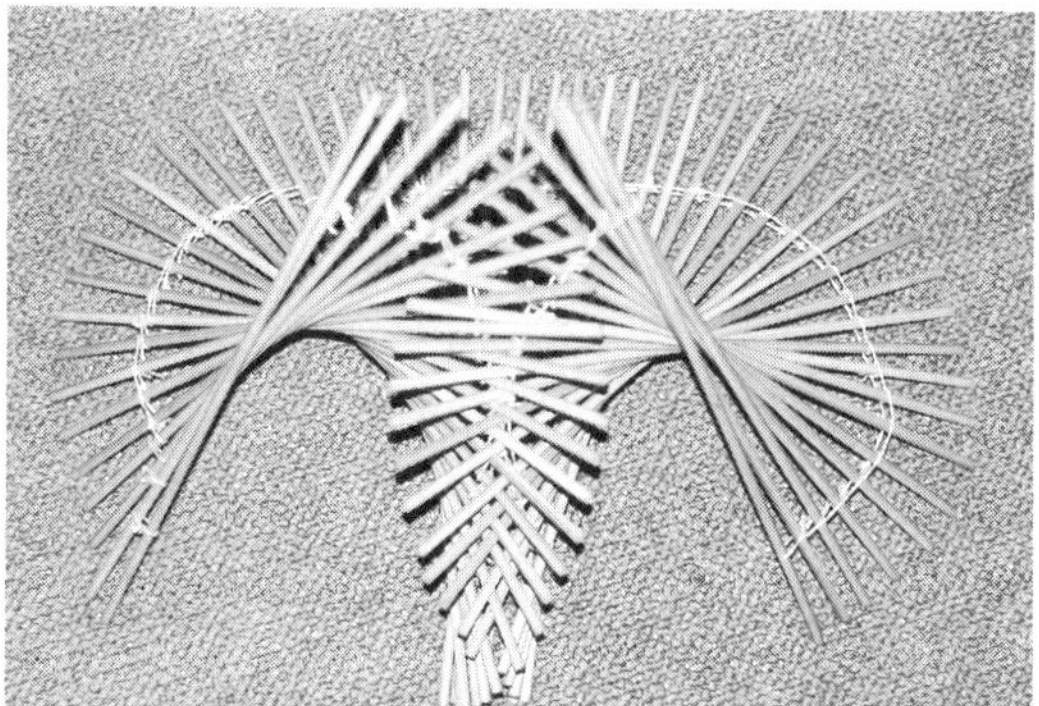

「メートル法」発祥の地
（パリ国際度量衡局の全景）

一、「魔法の紙」という共通物

普遍単位

〝生贄《いけにえ》と暦の民〟として知られたマヤ文化を探訪した三須照利教授は、帰国後一週間程、友人、知人に未知の村落に迷いこんだ体験談を、興奮しながら話しまくっていた。

たとえば、同僚の佐藤教授に会ったときは、こんな具合であった。

「イヤー、なにしろ地図にない、ガイドも知らない〝ダイヤの村〟へ迷い込んだんだよ。

マヤ遺跡の一つ、ウシュマルには有名な『魔法使いの神殿』という高さ三〇メートルに、勾配60°という急な階段のピラミッドがあるんだが、ここを登っているときガイドとはぐれてネー。降りて周囲を探しているうちに妙な石畳の道に立っていたんだよ。」

「ホォー。で、その魔法使いのピラミッドというのは、変ったピラミッドなのかい？」

彼はそちらの方に興味を示した。

$\frac{2}{3}$ほどで早くも足がすくんだ教授

「これはマヤの王様が、魔法使いとの知恵くらべで負けたことに腹を立て、次にピラミッドを造る競争をすることにした。ところが、この魔法使いが一夜でこのピラミッドを築き、王様をこらしめた、と伝えられているものでね。形が一般の角錐ではなく、円錐に近い変ったピラミッドなのだ。」

「なるほど。で、三須さんの妙な石畳の道はどこへ通じていたの？」

「魔法の道で、魔法の村へ通じていた、というと格好がいいんだけれど——

ぼくとしてはガイドがいないと、これから先の旅行ができないので、不安ながら石畳の道を少し歩いていったんだよ。」

佐藤教授はニヤリとしながら、

「木の間から、突然、古代マヤ人が現れた、なんて話になるのじゃあないかい。」

とからかうように先手を打ってきた。

「イヤイヤ、本当にそうなんだよ。

マヤ原住民は、色黒で背が低いが、一人の男が手まねきをするんだね。ぼくはてっきり、ガイドがそっちにいる、ということかと思ってついていくと、一〇分程して竜舌蘭と雑木林の中の小さな小屋に案内された。」

(下の写真がそれ)

マヤの家

マヤ民族は一五四八年、スペイン人によって滅ぼされたときユカタン半島に散らばり、その後滅亡した、と伝えられたが、実は山の中に——日本の平家の落人《おちうど》のように——生存していることを、三須教授は発見したのである。

この小柄のマヤ人は、汚れながら少し光る赤ん坊のコブシほどの石をもってきた。手ぶりで語るには、この石とライターとを取り換えて欲しい、という。

よくこの石を見るとダイヤの原石のようである。こんな高価なものと、百円ライターとを交換して、あとで問題になると困ると思い、足元にある黒く光る石となら交換してもよい、と手ぶりで伝えた。

三須照利教授は、エジプトではエレベーターボーイから、インドではガイドから、中国ではルームボーイから、「百円ライターかボールペンをくれ」、といわれた経験があるので、生活レベルからいって、マヤ人にとっても百円ライターが貴重な品なのであろうと想像した。

さて、この黒い石は、〝石炭〟であったが、彼らは暖房用に用い、これに火をつけるため、ライターが必要だったのである。

彼らにはダイヤは石より価値をもつものの、燃料になる石

炭やナイフ代りの黒曜石より値打ちがないのである。（ダイヤを磨く技術がない）

三須照利教授は、物々交換の妙に、改めて驚いた。

（石炭）⇩（ライター）⇩（ダイヤ）の順に価値が低くなっている。

現代日本では、逆の順になるであろう。

誰もいないし、このマヤ人が納得しているんだから、ダイヤとライターとを交換しよう、そう考えたとき遠くの方から声が聞えてきた。

「三須サァ〰〰ン、三須サァ〰〰ン。いますかァ〰〰。」

アッ、ガイドだな、そう思って声のする方を見た。

と、マヤ人は、ダイヤとライターを手にして茂みの中に姿を消していた。

これはほんの短い時間だったようであるが、千年も前の世界にタイム・トリップしたような気持ちを三須照利教授は感じたのである。

しばらくボー然としながらも、童話『ジャックと豆の木』では、ジャックが乳の出なくなった牛と小さな豆とを物々交換したことを思い出し、〝ものの価値とは何か〟を考えさせられたのである。

（これも『答のない問題』といえよう）

というような話を、遠い過去の時代を思い出すような目で、佐藤教授に語った。

彼は、いやこの話を聞かされた人たちはみな、三須照利教授の一時的妄想と思ったようである。

さて、人間社会での長い物々交換時代を、大きく変えたものが『魔法の紙』である。

人間が、他人の所有物を正式に得る手段の歴史は、次のようである。
㈠　物々交換
㈡　その地域で認知されている共通交換物。たとえば石や貝、後世は米、塩など
㈢　普遍的通貨（国家の発行する紙幣や硬貨）
現代では世界中どこへ行っても普遍的通貨で、物を手にする（購入する）ことができるが、通貨の中で紙幣ほど不安定なものはない。
硬貨の方は、金貨にしろ、銀貨にしろ、お金としての価値を失っても鉱物としてある程度の値打ちがあるが、紙幣の方は、「もしその国で革命でも起きたら……」、翌日からただ一枚の紙に過ぎない。高価な品物が買えた紙幣が鼻紙にすらならないのである。

〝魔法の紙〟

まさにこの一言に尽きる。とりわけドル紙幣は、ほとんど世界中で使用できるので、海外旅行するとこの印刷された小さな紙の魔力には、ただ感心させられるものである。
もう一つの価値は、たとえば、日本の一万円札は、金持ち、貧乏人、大人、子ども、あるいは外国人、誰がもっていても一万円の価値をもっているという点である。しかし、物々交換では、あるところでは土一升金一升でも別のところでは土一石（百升分）金一升であり、一六、七世紀のヨーロッパで香料一g金一gでも東洋では香料一トン金一gである。こうした不安定は誰も望まない。
〝普遍性〟これこそ地球が一つの社会になったとき、人々が要求したことであった。

二、ダンケルクからバルセロナへ

三角測量

日常・社会生活の中で、お金と同じようによく用いるものは〝長さ〟であろう。

一般に二つのものの長さをくらべるときは、前ページの物の価値と同様㈠〜㈢の順がある。

人類は左の順を踏みながら、㈢の普遍単位利用へと到達した。そして、古代ではどの民族、国家でも、まず身体の一部(指、腕、脚など)を基準にすることが多かった。

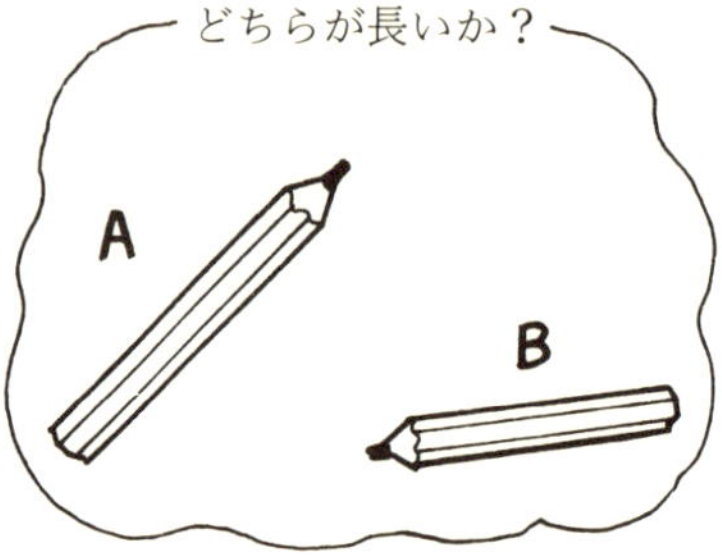

㈠ 直接比較

並べてくらべる

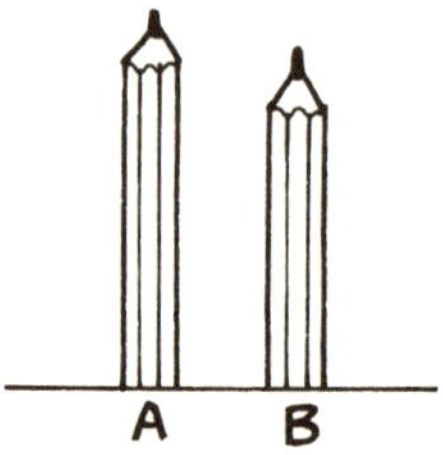

㈡ 間接比較

糸やひもを使う

㈢ 普遍単位利用

物指しで測る

フランスでは一八世紀末から、単位統一の計画が何度かあったが、いずれも成立しなかった。しかし、一七九〇年、外交官タレイランが報告書を国会に提出し、国会は論議の末、フランス学士院に単位系統の樹立を要請した。学士院では、次の七人に度量衡設置委員を任命した。
○ボルダ（物理学者）　○コンドルセー（哲学者、数学者）　○チレー（科学者）
○ラヴォアジェ（化学者）　それに数学者である三人、
○ラプラス　○ラグランジュ　○モンジュ
ラプラスは、パリ士官学校数学教授で、天体力学や確率論、また弾道研究の業績がある。ナポレオン内閣の内務大臣。
ラグランジュは、師範学校教授（ラプラス、モンジュと共に）になり、後、名門エコル・ポリテクニク（高等工芸学校）教授になる。方程式や解析力学などの業績がある。
モンジュは、ナポレオンのもとで働き、要塞設計の新技法から『画法幾何学』（投影図）を創設した——軍の秘密で三〇年間公表しない——。エコル・ポリテクニクの初代校長。
三人とも後世に名をとどめた超一流の数学者であったのである。
さて、委員会では〝長さの単位〟の求め方として「地球の子午線の四千万分の一」を使用することにし、緯度四五度を基準として大体一〇度の間の子午線の距離を実測することにした。
この条件に合うものとして、フランスのダンケルクとスペインのバルセロナが選ばれた。
ダンケルクは北緯 51°2′15″.64　バルセロナは北緯 41°22′47″.83　である。（九三ページの図）

人々が狭い範囲で交流しているときは、とりわけ問題がなかったが、ヨーロッパで大航海時代（一五〜一七世紀）以降、世界的規模で商取引きがおこなわれ、一方、科学のいちじるしい進歩などから、世界共通の〝普遍単位〟が必要とされてきた。

三須照利教授は、民族・国家によって長さがちがうということについて調べ、上の資料を得た。同じ一フットで、これだけ長さがちがうのであるから、たしかに社会的な問題であったであろう。

これに最初に手をつけたのは、一八世紀当時の大国フランスであった。強大国イギリスでなかったのはなぜであろう。

1フットの長さ

エジプト	26.2 cm
ギリシア	30.8 cm
ローマ	29.6 cm
フランス	32.5 cm
(現・英仏)	30.5 cm

これもまた、『答のない問題』なのであるが、三須照利教授は次の推理をした。

㈠ フランスは地理的にヨーロッパの中央にあり、周辺各国との通商が日常的であったのに対し、イギリスは島国で直接的な周辺異国がなく必要感が弱かった。

㈡ 当時のフランスには前述したように優秀な数学者が多数活躍していて、この大事業を果たす人的要因をみたしていた。

㈢ 自国内のみならず周辺の諸国からの支持、協力あるいは同調が多かった。

ダンケルクは第二次世界大戦で、英仏連合軍がドイツ軍に追いつめられて脱出した地、バルセロナは第二五回（一九九二年）オリンピックが開催された地で、いずれも有名な都市である。

この二点間を右図のように、三角測量によって何度も測定したが、作業開始後一年にして、フランス革命が起こり、委員のラヴォアジェが処刑されたほか、何人かの委員が除名された。

このとき彼の友人で委員であったラグランジュは大きなショックを受け、次のように語った。

「彼の首を落とすにはただ一瞬を要するに過ぎない。しかし、同じような頭をもたらすには百年でも間に合わない。」

三須照利教授は、この文を読んだとき、自分もこう言われるほどの学者になりたいものだ、と密

地球の大きさの求め方

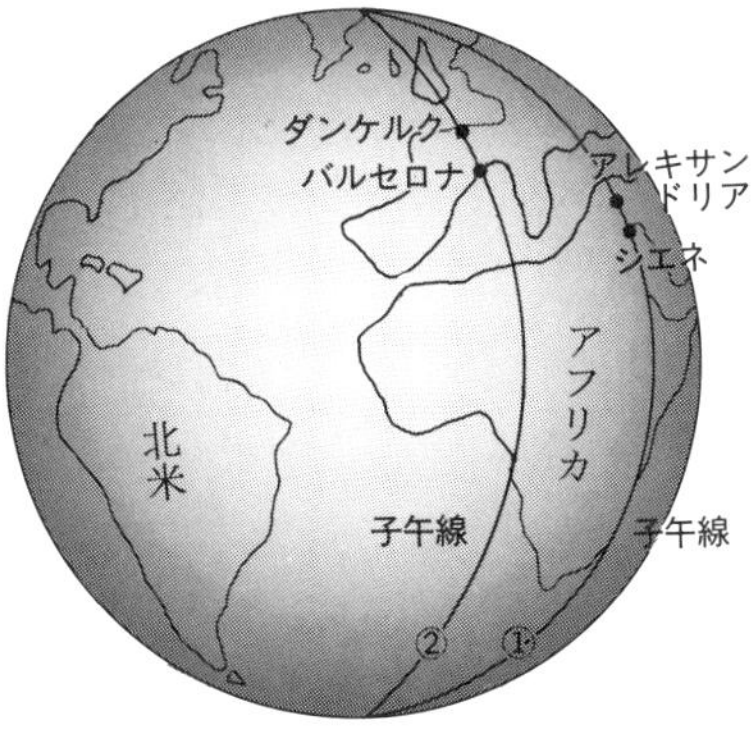

① エラトステネスの方法（B.C. 3 世紀）
② フランスの測量　（18 世紀末）

ダンケルクからバルセロナ

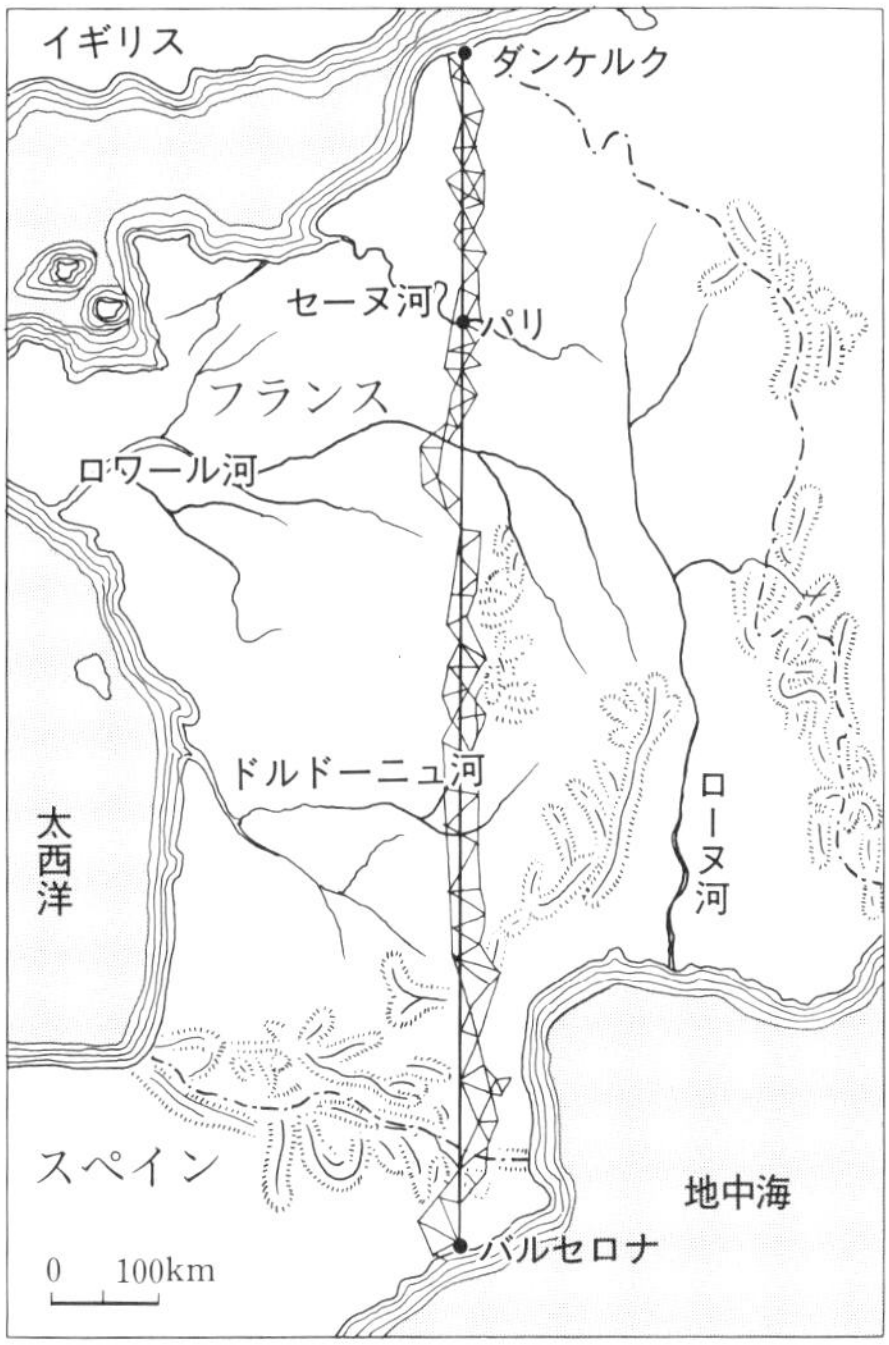

（1792〜1798 年）約 1,100 km

かに思ったほど、感動したのである。

二年後、フランス国会の再開命令で、復帰した委員会に新しく三人の委員を加え、ようやく一七九八年に測量が完成した。この詳細な記録は、エコル・ポリテクニクの博物館にある。

この大事業の三角測量について
○測量器具　○測量方法　○委員の写真　○経過の解説　○その後

名門エコル・ポリテクニクにある博物館の入口

当時の三角測量の説明
（館内にある）

博物館の正面

など博物館内の広い一室に展示されている。

さて、この測量の結果から、子午線の四千万分の一の長さを得、九七ページに示すようなメートル原器とキログラム原器とを作製し、一七九九年六月にフランス国会へ提出された。

フランスでは同年一〇月に法律で〝法定単位〟と定め、一〇進法による『メートル法』を制定した。しかし、なかなか一般に普及しないため、一八四〇年一月一日以降、新単位だけを強制的に用いる決定をした。

パリ国際度量衡局

一八七五年五月、ドイツ、イギリス、アメリカなど一六カ国がメートル条約である万国度量衡同盟を組織し、加盟国が経費を共同で負担することにした。

フランスでは、パリ郊外の静かな高台にあるサン・クル公園内に、国際度量衡局を設立し、ここを本部として提供した。

わが国は、一八八五（明治一八）年に、このメートル条約に加盟した。

三、メートル法とその後

尺度の考えと工夫

〝新しい酒は、新しい皮袋に〟という有名な諺がある。

メートル法という新しい度量衡法に対して、フランスではフランス語を用いず、左上のような古代ギリシア語を用いた。

〝キロキロ（きょろきょろ）と
ヘクト、デカ（出掛）けた
メートルがデシ（弟子）に追われて
センチ、ミリミリ〟

小学生の頃の記憶方法としてこうしたのがあったが、現代では、テラ、ギガも、ナノ、ピコも単位として用いるという超大、超小の時代になっている。

メートル法の単位

		記号
10^{12}	テラ（tera）	T
10^{9}	ギガ（giga）	G
10^{6}	メガ（mega）	M
10^{3}	キロ（kiro）	K
10^{2}	ヘクト（hecto）	h
10^{1}	デカ（deca）	da
10^{0}（＝１）		（基準）
10^{-1}	デシ（deci）	d
10^{-2}	センチ（centi）	c
10^{-3}	ミリ（milli）	m
10^{-6}	マイクロ（micro）	μ
10^{-9}	ナノ（nano）	n
10^{-12}	ピコ（pico）	p

㈡ミリバールが、ヘクトパスカルに変る。

メートル原器とキログラム原器（国際度量衡局より寄贈の写真）

上の写真は、パリ国際度量衡局にあるメートル原器、キログラム原器で、一八八五年に完成し、一八八九年に原器と副原器を作り、これらを条約加盟国代表がくじ引きで分配した。

原器は白金九〇％、イリジュウム一〇％の合金製で、メートル原器は上のようにX字形の断面を持つ棒で、その表面に引かれた二線間の距離が一メートルである。

キログラム原器は、直径、高さとも三・九センチの円柱で、三重のガラス容器に入れられている。

日本ではこの両方とも産業技術総合研究所に厳重に保存されている。

三須照利教授は、「わざわざパリまで来たのであるから、ぜひ〝原器〟そのものを見せて欲しい」とガイドを通してたのんだが、それは不可能であると、ことわられた。

その代りに上の写真とパンフレットをくれた。

帰国後、筑波の研究所に勤める知人にこのことを、不満気に語ったところ、

「イヤー、うちの研究所にこられても、お見せしませんよ。原器は、地下一階の七つの扉の奥の原器庫に大事にしまってあるんですから――

地金の値段でも四、五千万円するし、キログラム原器は息がかかっただけで重さが変るほど微妙な品なんです。パリの度量衡局で、写真やパンフレットをくれるなんて親切ですね。」

と逆に感心されてしまった。

「三須先生、いまはメートル原器の方は、飾り物みたいなもんですよ。」

そう言って笑ったので三須照利教授は、

「だって地下室の七つの扉の原器庫に厳重にしまってあるんでしょう。」

「それはキログラム原器の方でね。メートル原器は本当はもういらないんです。もっと信頼のおけるものができましたので――」

「もっと信頼のおけるもの？　それは何です。」

知人はそんなことを知らないのかという顔をしながら、

「長さの基準として、永久に不変で、しかも紛失、破損の心配がないものを発見したのです。それは〝光の波長〟で、一九二七年にカドミウムの出す赤色光の波長の一五五三一六三・八六倍を一メートルとしたのですよ。そして一九六〇年に、クリプトン86という元素の出す赤だいだい色の波長の一六五〇七六三・七三倍を一メートルと定めました。」

「光の波長に着目するとはスゴイもんだね。でも五倍とか一〇倍ならいいが、百万倍の上、小数までつくんじゃあ、かえってめんどうだナ。」

「一九八一年一〇月、パリの国際度量衡局で第七〇回国際度量衡委員会が開かれた折、メートルの定義が、〝光が一定時間内に伝わる距離にもとづいて定義する〟という方針に決ったのです。新しい定義は〝光が真空中を二億九、九七九万二、四五八分の一秒間に進む距離〟としましたが、これには特殊なレーザー光が必要で、一九九〇年代のいまわれわれの研究所で真剣に取り組んでいます。」

「するとメートルは、(原器)→(光の波長)→(光の速度)と定義が変化したことになるのか。」

「そうですね、将来、長さの単位メートルが時間と光の速度で定義されるようになるでしょうし、そうすれば単位系全体も見直す必要が起きてきますよ。」

〝一メートル〟という長さの追求!

彼の話から人間はどこまで正確な値を得れば満足するのか、という疑問さえ起きてくる。

一八七五年、世界一六ヵ国による万国度量衡同盟で『メートル法』が国際化した。

一八八四年、世界二五ヵ国が参加した万国子午線会議で、『時間・時刻』が国際化した。

これらの基本単位によって他のいろいろな誘導単位が確立されていくことになり、新単位が創案されることになる。一九世紀末の大事業が、ここで一応完成した。

四、計量法と社会

客観化の方法

「宇宙人が来たとき、彼らと交信、会話する方法はどのようにするか？」

これは数十年も前から多くの人々が興味をもった事柄である。

現代社会で人類に共通な言葉は、芸術（絵や音楽）と数学であるが、芸術には共通の社会基盤や理解が必要なので、ごく単純なものでなくては意志が伝えられない。一方、数学の方は、もっとも抽象化され、純化されて、記号化・図形化したものであるから、交信方法に一番適していると考えられている。

実際、三〇年ほど前にアメリカが打ち上げた木星探測器パイオニア一〇号には、金メッキした銘板が取り付けてあった。

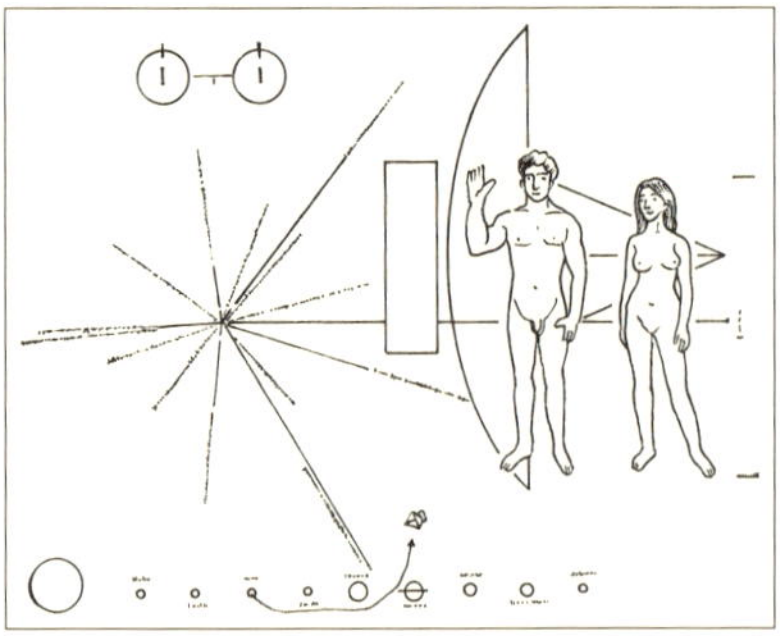

パイオニア 10 号の銘板
縦 15.2 cm，横 22.9 cm，厚さ 1.27 cm

この一〇号が木星を通過したあと、太陽系を脱出し、遠い宇宙へ飛んでいき、どこかの星の宇宙人がこれを手にしたときを予想して作ったもので、デザインはコーネル大学の二人の天文学者が考案したという。

図には発射した星（地球）と宇宙船（二〇号）、人間の男女、そして放射線は発射時刻、あと二進法の数字による説明が記されている。

単純な絵は宇宙人もわかるであろうが、二進法による数学の言葉で交信ができるであろうか。数学者・三須照利教授は半信半疑の思いであった。

しかし、少なくとも、人間が独自に創りあげた六〇進法の角度よりも、円周と半径の関係で作ったラジアンの方が、宇宙人に理解されることは確かであると考えた。

現代の生活で、角度や時間が六〇進法であるのは、古代シュメール人が一年間を三六〇日とし、

RADIAN
RADIAN
45°の
方向に
いるネ
π/4ラジ
アンだよ

半径を1とすると，

$360° = 2\pi$, $180° = \pi$, $90° = \frac{\pi}{2}$

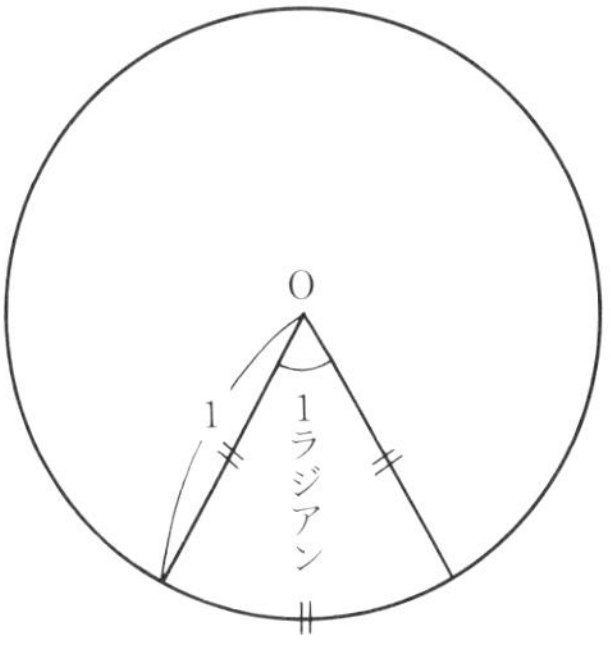
O
1
1ラジアン

1ラジアン＝57°17′44″.8

弧度法（ラジアン）
角の大きさを°(度）ではなく，
弧の長さで表す方法をいう。

㈠　円の一周を三六〇度としたとき、その1/6がちょうど六〇度であること（一日が一度）

㈡　分母を六〇とした分数では、六〇がたくさんの約数をもつので約分しやすいこと

などが根拠で、それが人類文化や人間生活に延々と伝えられ用いられてきたものである。

地球人と交信をもとうとしたある星の宇宙人が、その星の一年間が三六〇日ならよいが、それより長い、あるいは短い一年間をもつ宇宙人だとすると六〇進法は理解できない。

三須照利教授が、「時間・時刻も一〇進法にするのがよい」（七八ページ）としたのは、こうした根拠によるもので、講義中〝単位の話〟になると、彼は、

「数学の単位の歴史は、身近な身体の部分や植物、自然などを尺度にすることから、次第に客観的、絶対的な尺度へと進歩している。角の大きさでも地球上だけで通用する六〇進法より、円周と半径の比で表すラジアンの方が、宇宙人に通用していい。

だから、時間の方も六〇進法ではなく、一〇進法の方がいいのだ。」

とつい、持論をいきおい余ってしゃべった。すると一人の学生が、

「三須先生、ラジアンの方の理由はよくわかりますが、宇宙人の指が何本あるかわからないので、一〇進法がいい、というのは、どんなものでしょうか。」

と反論してきた。

たしかに後者の話は三須照利教授のミスであった。

ここで、古い度量衡法と新しい計量法とについて、わが国を中心に少しまとめてみよう。

紀元前三〇〇年　秦の始皇帝が統一度量衡制度を設ける
六三〇年　遣唐使が中国の度量衡法を日本へもちこむ
七〇一年　大宝律令で定める
（鎌倉、室町幕府でも全国統一はできていない）
一五九〇年　豊臣秀吉の天下統一
一六七〇年頃　徳川幕府は「統一度量衡」を公布
一八七五年　メートル条約できる
一八八五年　日本が加盟する
一九〇九年　「度量衡法」制定。施行法で圧力、仕事、工率、密度、温度などの単位
一九五一年　「計量法」制定。時間、速さ、熱量、角度、光度、照度、周波数、騒音など
一九五九年　「メートル法」の強制使用（一月一日より）
一九七八年　計量法の改定
一九九二年　計量法の改定（次ページの新聞見出し）

日本で度量衡法が制定されてから、約百年。この間に、社会の計量化、科学の進歩などによって、度量衡法でとりあげられていない量で、他の計量によるものが、右にあげたもののほか、粒度、屈折度、湿度、さらに身体の血圧、体温などつぎつぎと新単位が誕生している。

動き始めた「国際単位系」導入

〝共通語〟で国際協調

身近な単位では議論も

私たち国際単位の登場です

計量法、来春改定へ

裁判問題一つをとりあげても、

㈠　騒音問題

㈡　公害問題

㈢　健康問題

などで、判決を客観化、公平化、科学化するためには、争点の事項を〝計量化〟することが必要不可欠となり、新しい測定単位が誕生することになる。

また、新しく機械や道具が作られたり、素材が開発されたりしたとき、新しい単位が必要とされることもある。

その意味では今後も計量法の改定が続くものと考えられる。

それと並行して、〝国際化〟ということから、上のように国際単位系の導入ということが大きな課題となる場合もあるだろう。

原発事故

国際尺度を採用

情報交換円滑化めざす

新尺度はバラバラ

苦悩する証券会社・専門誌

あらゆる分野で計量化

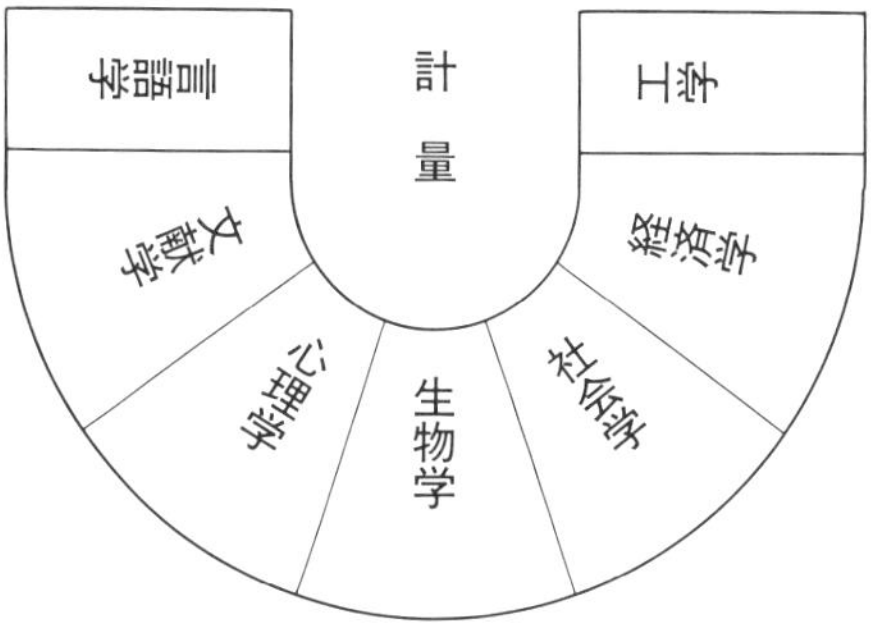

世界が一つになり、各国の種々の製品が、たがいに輸出入されるようになると、食料品や果物類の殺菌剤の基準や電化製品・自動車・機械類の工業規格など国際間での協定が必要になる。

さて、ふつう〝計量法〟といえば、科学的客観性の世界のものと考えがちであるが、計量法での〝尺度〟の考えが広く用いられるようになり、上に示す新聞見出しのように、事故の程度や危険の度合を尺度化したり、証券関係で株価指標を尺度化する方向に進んでいるという。

〝計量〟の考えは、いまや自然科学、社会科学はもちろんのこと、人文科学の領域においても有効な学問として成長しつつあるのである。

閑話休題

三角測量の原理

わが国では、昭和二四（一九四九）年六月三日に「測量法」が制定されたことから、六月三日を〝測量の日〟と呼んでいる。

フランスの度量衡委員会は、ダンケルクとバルセロナの間を三角測量（九三、九四ページ）で求めたが、この方法を簡単に説明すると、まず平地で正確に測った基線を作り、平地なら実測し、高地なら高い山にヤグラを立てて三角形の2角を測って、三角形を決定する、という方法である。これで次々と三角形の網を作り、距離や形を定めていく方法である。

三角測量の方法

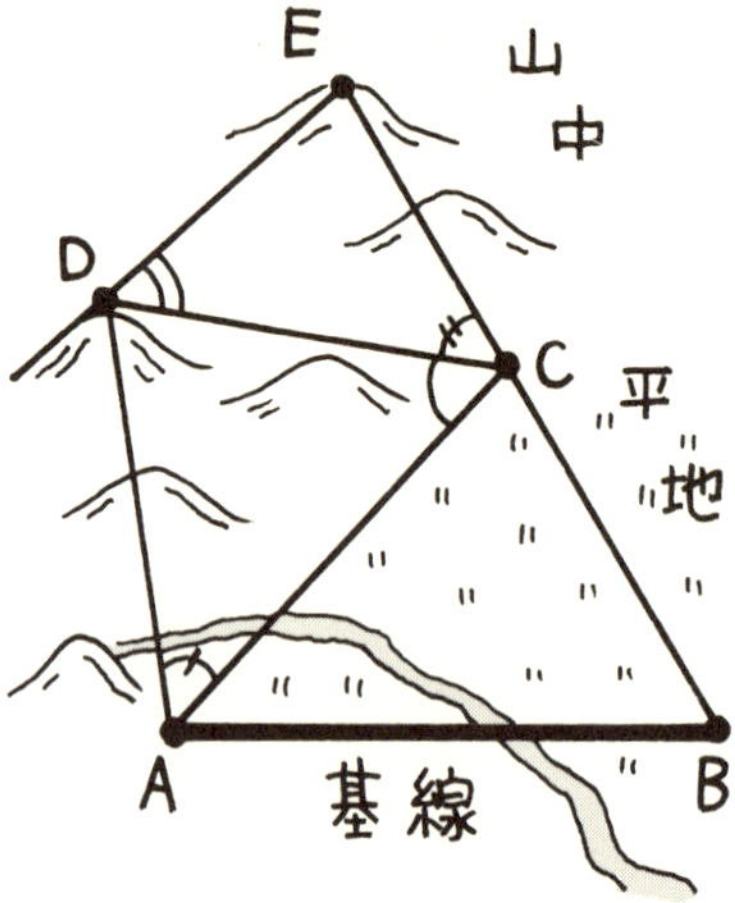

基線は5 kmほどで，各三角形は1辺4～5 kmの正三角形になるようにする。

日本列島と三角網

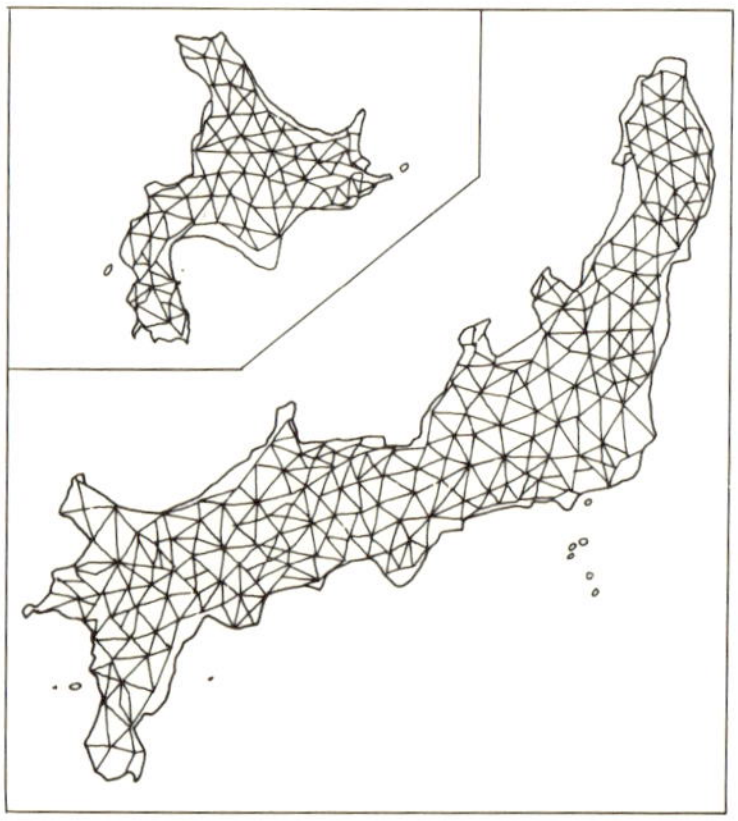

五、革命中のミステリアス男女

数学の魅力

〝フランス数学史〟をテーマとしたある講演で、三須照利教授は、冒頭、次のように話した。

「フランスは、このTP紙（トランス・ペアレンシー、一一ページ表）で示すように、一七〜一九世紀に世界第一級の数学王国になり、たくさんの著名な数学者を輩出していますから、数学史研究者としては、どうしてもこの国を探訪しなくてはならないのです。

私の英仏旅行出発二日前に、フランス絵葉書による恩師からのお便りを頂きました。

後日、極めてミステリアスな情況でパリ市内を案内して頂くのですが、お便りの概要はこのようなものでした。

〝師弟で名物焼栗を食べる〟の図
（左はセーヌ河，右は露店古本市）

〝……ただいま、フランスに来ております。ここビシー（中部の温泉地）のカビラムという外国人のためのフランス語学校に入っています。前回は三週間で、これでは帰国後すぐ「もとの木阿弥《もくあみ》」になってしまうので、今回は観光ビザの限界の三ヵ月にしました。「それでもダメなら三年」なんて冗談を言っています。……先日、学校主催の遠足でディジョンへ行きました。ブルゴーニュ・ワインの本場です。試飲もして来ました。お元気で。〟

私は早速、四月一日から数日間パリ市内の『ニッコー・ド・パリ』ホテルに宿泊していることを記し、できたらお会いしたいし、市内の案内もして欲しい、といった内容の手紙を出し、日本を発ったのですが、手紙がとどくか、急なことなので先生のご都合がつくかどうか、心配でした。

この恩師は、私の、数学の先輩、教育実習の指導教官、そして後に同僚、さらに結婚の仲人、という私の人生に深くかかわる元数学教授で、オントシ八〇歳。既に十回余フランスに来て、フランス語を勉強されているという〝尊敬〟の一語に尽きる方なのです。」

世の中にこんな篤学の人がいる、といった感動で、参会者は三須照利教授の話に聞き入っていた。八〇歳で三ヵ月の留学生活！　おおいに学びたい、という気持ちなのであろう。

㈠　フランス行き直前にフランスから便り
㈡　結婚記念日にパリ市内を仲人が案内

三須照利教授にとってこの二つの偶然は極めてミステリアスに思えたのである。

駅の地下道にある暴動の絵

地下鉄「バスチーユ駅」

〝事実は小説より奇なり〟とはよく使う言葉であるが、それを体験すると、ナマジ数学（確率の知識）を学んでいるため、信じられない気がするのである。

三須照利教授は、恩師から希望観光地を聞かれたとき、まずフランス革命の発火点の地バスチーユをあげた。

バスチーユでの民衆、牢獄の突発暴動は、新数学『カタストロフィー』とのこと。

また革命時の若い数学者たちのこと。

これらに大きな興味があったからである。

「珍しいでしょうから、地下鉄で行きましょう。」

車内で恩師がこんな話をしてくれた。

「〝バスチーユ〟とは、本来都市を守る城塞で、このパリにあるのは一四世紀に建てられ、やがて政治犯のための牢獄になった。その後固有名詞になり、一七八九年七月一四日、市民がこれを陥れて政治犯を解放し、フランス革命が始まった。

牢獄バスチーユは当時、〝専制王政の象徴〟であったから、ここを陥すことは、民主政治の出発点となったので、これを記念して広場に〝自由の天使像〟を設立したのである」と。

三須照利教授は、か弱いバラバラ群衆が、突如強力な団結集団となって、武器をもって牢獄へ攻撃をしかけるという、このカタストロフィー（一一六ページ参考）は何か、を考えた。

彼は中央に記念塔のある、この広場に立って、どのような形で暴動があったのか、想像してみたのである。

広場中央に立つ〝自由の天使像〟
（高さ52mで頂上に登れる）

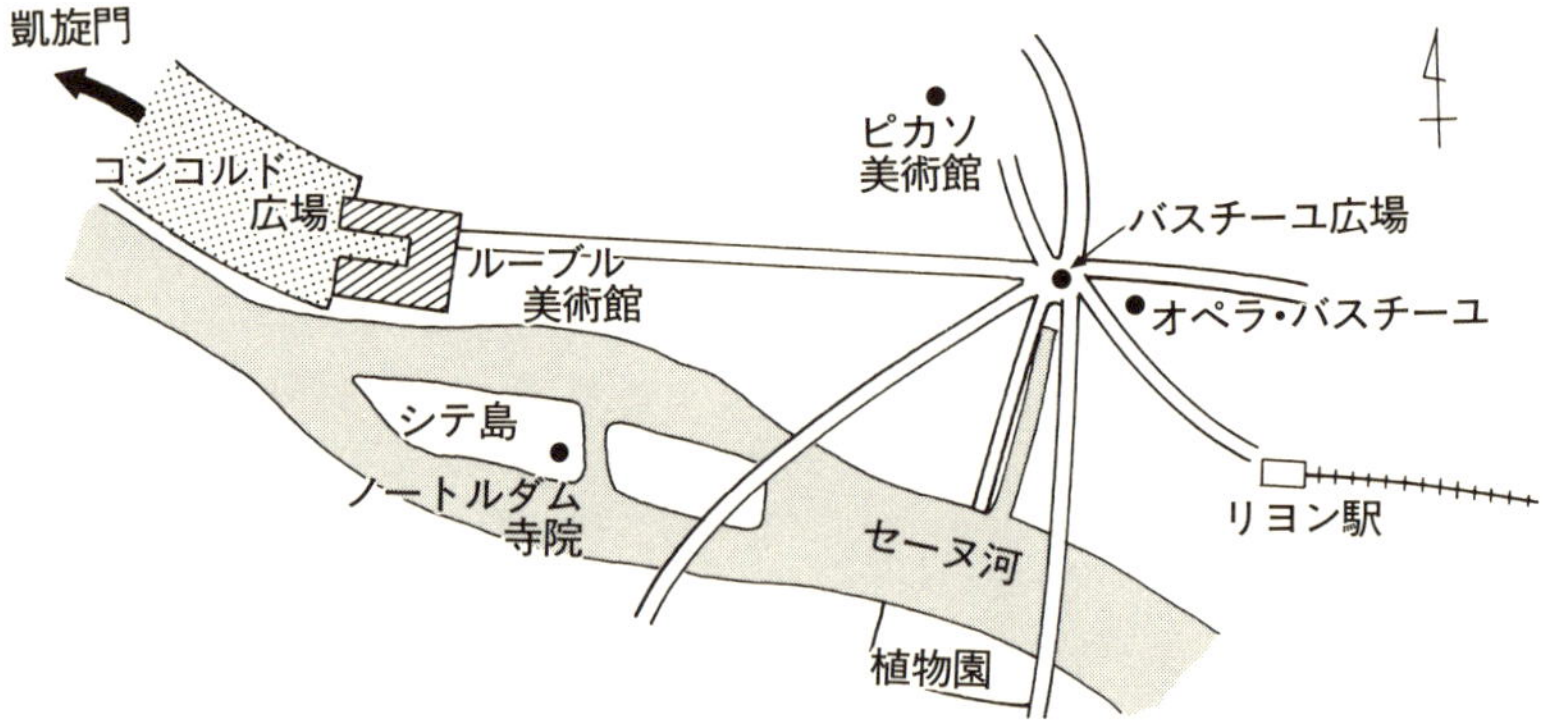

左は、近世フランスの数学者の表であるが、実に多彩であるのに驚く一方、幾何学王国であることを発見する。しかも戦争や革命にかかわったり、まき込まれたりしている数学者が多いのもフランス数学史の特徴である。

(左表で⚔は戦争参加、★は軍に協力や軍学校教授、◎は革命時の学者で後述する)

フランス数学史

世紀	数学者名	主な業績	社　会
16	★ヴィエタ	文字の使用 暗号解読	イスパニア戦争
17	メルセンヌ	整数論	
	ジラール	虚根の考え	
	デザルグ	射影幾何学(開祖)	
	⚔デカルト	座標幾何学	三十年戦争
	フェルマー	極大・極小論	
	パスカル	確率論	
	ド・モアブル	複素数	
18	ビュッフォン	確率論	
	ダランベール	確率論	
	★ラグランジュ	弾道研究,確率論	
	★ラプラス	弾道研究,方程式	
	★モンジュ	画法幾何学	
	★ルジャンドル	楕円積分	フランス革命
	◎ソフィー・ジェルマン	女流数学者	
	デュパン	曲面研究	
	★ブリアンション	双対の原理	
	★フーリエ	級数	
	★ポアソン	数理物理学	
19	⚔ポンスレ	射影幾何学(完成)	ナポレオン時代
	★コーシー	解析学	
	◎ガロア	群論	七月革命
	ジョルダン	曲線論	
	ポアンカレ	解析学	

表からみるように、フランスの数学者には次のようなことをしている人がいる。

㈠　陸軍士官学校、砲兵・工兵学校、兵学校などの軍人養成学校の教授

㈡　暗号解読、弾道研究、城塞構築、要塞設計などに協力

㈢　イスパニア戦争、三十年戦争、ロシア遠征などに参戦

これを見ると、フランスの数学者は戦争協力者ばかりのようであるが、三須照利教授の若い頃の記憶で、日本でも第二次世界大戦中、数学科の先輩たちが、軍関係に就職したり、軍人となった人が多かったことを思い出した。これは、古代から世界中、どの民族も国家も数学者を戦争に協力させたのである。

さて、話が戦争や軍中心になったが、いまはバスチーユの話題なので、フランスにおける革命の中の数学者、とりわけミステリアスな若い男女の数学者について紹介しよう。

ソフィー・ジェルマンは、数少ない女流数学者の中の一人である。

彼女は、一七七六年四月一日にパリで生まれたが、パリ市内は一七八九年七月一四日に民衆が蜂起して革命運動が進み、ひどい混乱状態が続き、デモ、略奪、殺人が日常茶飯事におこなわれ、無政府状態であった。(終焉は一七九九年)

革命勃発のとき、ソフィーは一三歳の少女であり、裕福な家庭の娘として両親はこの危険な街に出歩くことを禁じた。

退屈で孤独な時間を、彼女は父の図書室に入り、本を手当り次第に読んだのである。

ある日、『数学史』を読んでいた彼女は、ある一ページの内容にたいへんな感動を受けた。

古代ギリシアの数学者アルキメデスが、床に円を描いてそれを研究しているとき、ローマの兵士が入ってきてこの円を踏んだ。

アルキメデスは怒って「オレの円を踏むな！」といったところ、兵の槍で突き殺された。

そういう一節である。

彼女には、〝数学の勉強は、死の恐怖も忘れるほど興味深いものなのか〟という感動であった。ちょうど知的刺激に飢えていたので、以来、数学の勉強に没頭する生活に入った。

毎晩遅くまで勉強するソフィーの様子をみて、両親は心配した。

一つは女の子が数学を勉強すること

二つは身体をこわすのではないかということ

についてである。

そこで、夜になるとランプと暖房器具を部屋からもっていき、早く寝るように言った。

親孝行のソフィーは素直に従ったが、両親が寝静まるとコッソリ起きてきて、ロウソクであかりを、毛布をかぶって寒さをしのぎながら、深夜まで数学の勉強を続けた。

ある朝、なかなか娘が起きてこないので心配になった母親が、ソフィーの部屋をのぞいてみると、机の上に毛布をかぶってうつぶせで寝て、そばに燃え尽きたロウソクと凍ったインクがある。

〝寒い部屋でこれほどまでして勉強したいのか〞と驚いた両親は、数学の勉強を認めたという。

当時は、女子を大学に入学させるところがないため、人に頼んで大学の数学の講義録を手に入れて独学で勉強を続けた。論文がまとまると有名な数学者に男子名ル・ブランで送るなどの苦労があったのである。ソフィーがドイツの数学者ガウスの名著『整数論研究』（一八〇一年）に興味をもってガウスに手紙を送ったことから文通が始まり、それが縁で後にゲッチンゲン大学名誉博士号を贈られるが、ソフィーは受領する前に五五歳の生涯を閉じた。一八三一年六月二六日、ソフィーはパリで死去したのであるが、その一年後同じパリで恋愛事件から決闘となり、二一歳の天才数学者ガロアが死亡したのは奇しき縁であるといえよう。

彼が、決闘前夜に友人オーギュストにあてて数学の論文を書き残した話は有名である。
ここで彼の短い人生を紹介しよう。
ガロアは、一八一一年一〇月二五日、パリ近郊のブール・ラ・レーヌの市長の子として生まれた。
一二歳のときパリの中学校に入学し、寄宿生活を始めたが、当時のパリは七月革命の前夜で学校内も荒れ、ストライキが続いたりした。

彼にとって学校の数学は易し過ぎたので、独学で勉強し、ときに先生に質問をして先生から嫌われ、成績もよくなかったが、一六歳のとき、五次方程式の解法に熱中していた。

これから、彼はいくつもの不運や不幸に連続的に見舞われ、心がすさんでいくのである。

第一は成績がよかったのにもかかわらず、パリ工芸学校の受験に二度も失敗する。また、一七歳で書いた論文を、当時一流の数学者コーシーに送ったところ、コーシーは、学士院への報告を約束しながらそれを忘れただけでなく、原稿も紛失してしまう。さらに高等師範学校入学後に書いて、学士院へ提出した論文も、担当のフーリエが亡くなると共に原稿のゆくえもわからなくなる、という彼にとっての悲劇が続いた。

死後，弟が描いた兄の肖像画

一八三〇年七月の「七月革命」に彼は参加したことから退学させられ、後に政治活動で刑務所へ収容される。

やがて恋愛問題で決闘し、二一歳の天才は死んだ。

彼の研究である『群論』は三〇年後に、数学界で認められるのである。


〔参考〕五次方程式は代数的つまり、四則と累乗根では解けない、ということを証明した。このとき『群論』が誕生したのである。

閑話休題

カタストロフィー

突如とした変化——数学では不連続——をカタストロフィー（破局）といい、これは左のように自然界、生物界、人間界にも多くある現象、事象である。

一九六一年、フランスの数学者のルネ・トムが、カエルの卵から親への形態で、異常な変化があるのに興味をもち、動物遺伝学者などと四年間共同研究をして、一九七〇年『カタストロフィー理論』を提案した。これは、

（自然界）地震、稲妻、雪崩《なだれ》、津波、火山の爆発など
（生物界）昆虫・魚・植物の異常発生、動物の集団暴走など
（人間界）戦争勃発、株の暴騰・暴落、デモ集団の騒乱、突然死、人間関係や恋愛男女間の突如の亀裂や別離など

という広範な研究対象をもっている。

イギリスのクリストファー・ジーマンは、ガートリー刑務所で実際に起った囚人の暴動を解析し、「囚人の暴動が起きること」を予知して、この理論が人文科学に適用できることを示した。

第4章

英仏〝古城〟のミステリー

ロワール河畔の華麗な古城　〝アンボワーズ城〟

一、二足のワラジ

数学との両立

数学旅行作家を目指す三須照利教授は、イギリス旅行での第一の目的は世界的に知られた『不思議の国のアリス』の著者ルイス・キャロルについて調査することであった。

ルイスは、人も知るオックスフォード大学最大のカレッジで多数の著名人を輩出した「クライスト・チャーチ校」の数学教授で、本名はチャールズ・ラドウィジ・ドジスンといい、この名著は、友人の牧師の三人の娘さんに、ボート遊びをしながら話をしてやったものをまとめた作品だという。一八六五年のことである。

しかし、なんと幸運なことに、クライスト校の彼の研究室を訪ねた三須照利教授は、黒板に数式をかいて勉強中のチャールズ教授に会うことができた。

クライスト・チャーチ校（手前が広いグラウンド）

「イヤー、まさかと思いましたが、先生にお会いできてたいへん幸せです。

ぜひ、先生の作家活動についてお話をお聞かせください。」

「ヤァー、遠方をよく訪ねてきてくれましたね。」

彼は上機嫌で三須照利教授を迎えながら、

「私はボート遊びが好きでしてネ。数学でも文学でも、そこでよいアイディアが浮かぶのです。三須さんにその場所を紹介し、ボートの中でいろいろお話をしましょう。」

彼はそう言って近くの川に案内し、自分のボートに乗せてから、おもむろに話をはじめた。

「ボートの中は個室でしょう。しかも訪問客も来ないし、電話も鳴らない。ジックリと構想を練るには最適な場所なんです。この川では、この辺が一番静かで美しいところでしてね。三須さんの思考の場所はどこですか?」

数学者の中には気難しい人が多いものであるが、子どもに楽しいお話ができるような人だからであろうか。もう長年の親友という語り方であった。

ルイスがボートを浮かべた川

「オックスフォードシャー」(州)の案内板

「私は早起きなので、大学へは家を六時半頃出ます。この時刻だと電車内はガラガラなので、約一時間、ジックリ考える。ここを〝アイディアの時間〟にしています。ところで――先生の奇抜な、そして幻想的、しかも童話の域を出て、後の文学へ影響を与えた、といわれるのも、この静かな川にあるのですか。続編の『鏡の国のアリス』は数学的発想もありますね。」

チャールズは、うれしそうに話を聞いていたが、

「私はペンネームをあの少女たちからとって、ルイス・キャロルとしましたが、三須さんのミステリー作家としてのペンネームは何ですか?」

突然、話題を変えてきたので、三須照利教授はビックリしながら、

「『道　志洋』と書きますが、これは音読みで〝どうしよう〟(What shall I do?)というものです。剣道、華道といった日本的〝道〟を志す、という意味もこめた名なのですが―。」

「ナールホド。疑問追求という数学者らしくて、いいペンネームですね。」

彼は笑いながら話を続けた。

「女流数学者の中には、一流の文学者でもあった人がいますから、私のように〝二足のワラジ〟は、そう珍しくないし――。数学と文学は学問の両極で、かえって両立しやすいでしょう。三須さんも、ぜひ一流を目指してがんばってください。」

三須照利教授は、有名なアリスの著者に会えただけでなく、激励の言葉も受け、おおいに感動した。そして〝私も日本のルイスになるぞ〟、そう決心したのである。

ボートが大きく揺れてハッと目がさめた。

ルイスがボートを浮かべ、少女たちに物語を話した川面を見ているうち、ついウトウトしてしまったようである。

三須照利教授は、まだ半分眠気を残しながら、ボートを岸につけた。そしてビクトリア女王が、たいへん彼の童話に感動し、〝あなたの本をもっと読みたいので、別の本を送って欲しい〟と依頼したところ、数学の専門書を送った、という伝説があることをボンヤリと思い出した。

三須照利教授は、こんなルイスも好きなのであった。

〝二足のワラジ〟これは、二股稼業、二重人格、二つの顔、これから『ジキル博士とハイド氏』、あるいは、田舎の隠居ジジイと天下の副将軍の水戸黄門、桜吹雪の遊び人と町奉行の遠山の金さんなどを連想させる言葉である。

一人の人間が、二つの才能や能力、権力をもっていることは、誰もがあこがれるものであろう。小説、演劇、映画などでは、〝七変化〟〝百面相〟などが興味深く登場しているのも、一般の人々の夢を代理で果たしてくれることにある。

現代では、大学の入試や会社入社条件で「一芸一能」ということが要求されている。

三須照利教授の好きな人生の生き方、言葉に、次のようなものがある。

〝若いときは数学を学び、中年で文学をやり、老人になって哲学をする。〟

数学→文学→哲学、ということであるが、数学上で才能を発揮できるのは三〇歳、せいぜい四〇歳まで、ということであるし、文学、哲学は人生経験が土台になることが多いので、人生の後半の学問ということになる。

ここで多芸多才人、マルチ人間を数学者の中から探してみよう。

数学史をひもとくと、

古代エジプト、インド、マヤなどは、数学者が天文学者を兼ねた。

古代ギリシアでは数学者が哲学者でもあった。

という有名なもののほか、個人として多芸多才が伝えられている数学者には、

カルダノ（イタリア、一六世紀、方程式）医者であり、専門賭博師

ネピア（イギリス、一七世紀、対数）修道士、戦闘武器作り

オイラー（スイス、一八世紀、全領域）地図作製、力学、物理学

ラプラス（フランス、一九世紀、確率論）弾道研究、政治家として内務大臣

ボヤイ（ハンガリー、一九世紀、非ユークリッド幾何学）フェンシング、バイオリンの名手

ハミルトン（イギリス、一九世紀、四元数）語学の天才

リーマン（ドイツ、一九世紀、幾何学）電磁気、音響の研究、哲学

など、数学者は多士済々である。

これは、言語が生活の共通語と同様、数学が〝学問の共通語〟であるからであろう。

閑話休題

ジキル博士とハイド氏

〝善良な学者ジキル博士が、薬品で凶悪なハイド氏に変身し、ついに殺人を犯し、再びジキル博士にもどることができない苦脳から自殺する〟という小説（一八八五年）で、近代人の自己分裂を象徴的に描いた作品である。これは後に「二重人格」の代名詞となった。

作者スチーブンソン（一八五〇〜一八九四年）は、イギリスの詩人、小説家であるが、ルイス・キャロルと同時代の人間であるだけでなく、工学を学んだのち、弁護士になったという。理系→文系人間で、二人共通の二重専門人間であるのが興味深い。

三須照利教授も理系→文系人間を目指しているので、この二人におおいに共感をもっている。

彼は結核を病み、アメリカ、南洋諸島、サモア島と転地しながら、『新アラビア夜話』『宝島』『旅はロバをつれて』などを執筆した。

童話集『子供のうた園』も有名である。

二、小説と数学

〝文紋〟とコンピュータ

イギリスの文学といえばシェークスピア、シェークスピアといえば『ハムレット』、ハムレットといえば古城での父の亡霊、これが三須照利教授の中学時代に見た映画からの連想である。

デンマーク王子であったハムレットは、父を毒殺した上王位につき、母親と結婚した叔父への復讐に苦悩しながら目的を果たす。しかし、自分も毒剣に倒れる、という物語であるが、〝古城に父の亡霊〟という映画の一場面は極めて印象的なものであった。本項では小説（文学）と数学について考えていくので、まず、このシェークスピア（一五六四〜一六一六年）についてふれたい。

彼はストラトフォード・アポン・エイボン生まれの詩人、劇作家で、一五九〇年から劇を書き始め、約二〇年間に戯曲三六編、詩七編を書き、一六一六年に五二歳の誕生日に没している。

彼の作品傾向は次の四期に分けられる。

第一期習作時代『ロミオとジュリエット』『リチャード三世』など
第二期喜劇時代『ベニスの商人』『真夏の夜の夢』など
第三期悲劇時代『ハムレット』をはじめ四大悲劇
第四期諦観時代『テンペスト』など

さて、戯曲三六編の他に、彼の作品ではないか、といわれ続けた作者不明の戯曲『サー・トマス・モアの本』があった。

これについて、イギリスのカレッジ講師のトマス・メリアムはコンピュータを使い、いくつものシェークスピアの作品を分析し、彼の文章の癖——これを〝文紋〟という——をとり出した。次にこの戯曲の文紋を求めて比較したところ、これが酷似していたところから、これはシェークスピアの作であると鑑定したのである。

〝文学内の問題を、数学によって解決した!〟

という「文学—数学」上での大進歩である。

従来、文学は感性、情緒、主観の学問であるとされ、一方、数学は理性、論理、客観の学問であり、この二つは学問での両極に位置するものとされてきた。

(博物館)と生家(右)

もちろん、多くの人間の中には、前項で述べたような、数学者で文学の才能のある人もいるが、一般には別の才能と思われ、とりわけ文学系人間からは数学がいみ嫌われ続けてきた。

しかし、コンピュータ時代では様子が変ってきたのである。

博物館の入口の説明板と「シェークスピア人形」

シェークスピア・センター

わが国においても似たような「作者不明」追求研究がある。

平安時代の名著、『源氏物語』（一一世紀）は、五四帖からなる紫式部の大河小説であるが、長い間、後半一〇帖分は、娘の「大弐の三位」の作ではないか、といわれ続けてきた。

これも統計的手法である『計量文献学』——文紋と同じで作者の特徴研究——により、前半と後半一〇帖には相異がある、ということが証明され、一件落着したという。

もう一つ、文部科学省統計数理研究所のグループの発表（'91・8）のものを紹介しよ
一三世紀の日蓮聖人は相当量の著作物があるが、その中には、偽作、不明、弟子の著作などがあり、また真作といわれるものの中にも疑わしいものがあるという。一方、偽作や弟子の著作と伝えられているものにも真作の可能性のある著作物もある。

日蓮著作物

日蓮真作	二四編
日蓮偽作	一六編
不明	五編
弟子の著作	五編
計	五〇編

室町時代から真偽論争のあった『三大秘法禀承事《ぼんじょうのこと》』は、検討の結果、真作であると認定した。

その方法は、上の五〇編を文の構造に関する数十の要素や一五の言葉の出方を大型コンピュータで計算し、著作の似通った順にまとめてグループ化するのである。その結果日蓮の著作とそれ以外の著作に分けられた、という。

上の不明の五編のうち三大秘法抄など二編が真作と断定できたのである。

三、城と幽霊と数学

美城の裏側

〝古城〟にミステリーはつきものである。

とりわけ、幽霊、亡霊や悪魔、妖怪など、成仏できない人の霊がまつわりついている。

これは城そのものがもつ性格、機能と切り離せないものであろう。

○城構築の地鎮祭などで人身御供《ひとみごくう》（生贄）をする
○建設中での事故死や城内の秘密を守るため作業員や関係者を闇にほうむる
○幾度かの戦闘で、敵味方の将兵やその家族が戦死する
○城内の権力争いや嫉妬《しっと》、憎悪などで、毒殺、暗殺などがおこなわれる
○その他、種々の死

などで、城に何らかの心を残していて天国、地獄へ行ききれない霊が残っているからである。

イギリス、フランスにはたくさんの古城があり、それぞれ伝説がある。三須照利教授はこうしたものにも大きな興味をもった。

グリニッジ天文台の仕事が、光害、騒音などからのがれて一九四九年にサセックスに移転したが、

これがハーストモンソー城で、〝幽霊城〟として有名なところであったし、『ハムレット』の物語の城には亡霊が登場する。

三須照利教授はフッと『ブランケット城への招待状』というイギリス映画を見たことを思い出した。

アイルランドにある古城の持主が、城を抵当に入れるほど金に困ったため、この城に伝わる幽霊伝説を利用した観光ツアーを企画し、一もうけしようとする。

そこにアメリカ観光客の一団が見物に来て、幽霊（実はアルバイト学生）とのいろいろな喜劇を起こす。

という物語である。

いかにも「イギリスの古城」という雰囲気が出ていた。

『ロンドン塔』はイギリスきっての怨念、恩讐、憎悪に満ち満ちていて、これほど亡霊、幽霊がたむろしているところはないであろう。

この塔——実は城であるが——は、まず一〇七八年イングランドを征服したノルマン王ウイリアムが、ホワイト塔

（左手に大火記念塔がある）

を建てて宮殿とし、後の王が次々と城壁や塔をつけ加えていった。

　現在、ロンドン塔の中には、数ヵ所の塔の他、礼拝堂、宝物館、博物館、武器庫、処刑場跡などがある。

☆が撮影位置

美しいタワー・ブリッジと有名なロンドン塔

ロンドン塔に幽閉され、あるいは処刑された代表的な人物を簡単に紹介しよう。

戯曲作家シェークスピアの作品に何人かが登場するが、作者不明とされたという『サー・トマス・モアの本』（一二六ページ参考）のトマス・モア卿もその一人である。
○トマス・モアは政治家で、ヘンリー八世王の信任も厚かったが、ローマ教皇下の大法官であったことから王の離婚問題に反対したため、反逆罪で処刑された。
あるいは次のような話もある。
○リチャード三世の残酷物語は、一三歳の幼王エドワード五世とその弟を暗殺した権力争い。
○アン・ブリーンは、ヘンリー八世の二度目の妃であるが、美貌な上多情、しかも男子を産めなかった（女子エリザベス一世を産む）ということから、王の寵愛を失い、不義の理由で処刑された。
○エリザベス一世女王は、異母姉メアリ一世をカトリック復帰政策に対する反乱嫌疑で投獄。
○ニッダール卿は、ジョージ一世に対する反逆罪で投獄され処刑が決ったが、その前夜女装して脱獄し、ローマに逃げた。
その他、たくさんの反逆者、囚人、政治犯や政敵などの幽閉、拷問、処刑がおこなわれ、血なまぐさい歴史をもっている。

イギリス国内では、中世騎士、ついで大航海時代の海賊、やがて近代貴族という歴史的経過をしてきて、外へ向けての発展が主であったため、外敵防衛のための城はそれほど多くなく、有名なものはない。

一方、フランスは、ヨーロッパの中央に位置しているため、周辺からの攻撃にそなえ〝城〟への関心が高かった。この変遷をみると、

① ローマ時代――砦

② 中世――実戦的で無骨な城塞

③ ルネサンス期――優美な城館

と大きな変化をしている。

わが国でも戦国時代は砦であったが、江戸時代に優美な城ができた傾向が似ている。

ロワール河流域の4地域の城

(1) オルレアン城 〜ブロワ城
(2) ブロワ城 〜トゥール城
(3) トゥール城 〜シノン城
(4) シノン城 〜アンジェ城

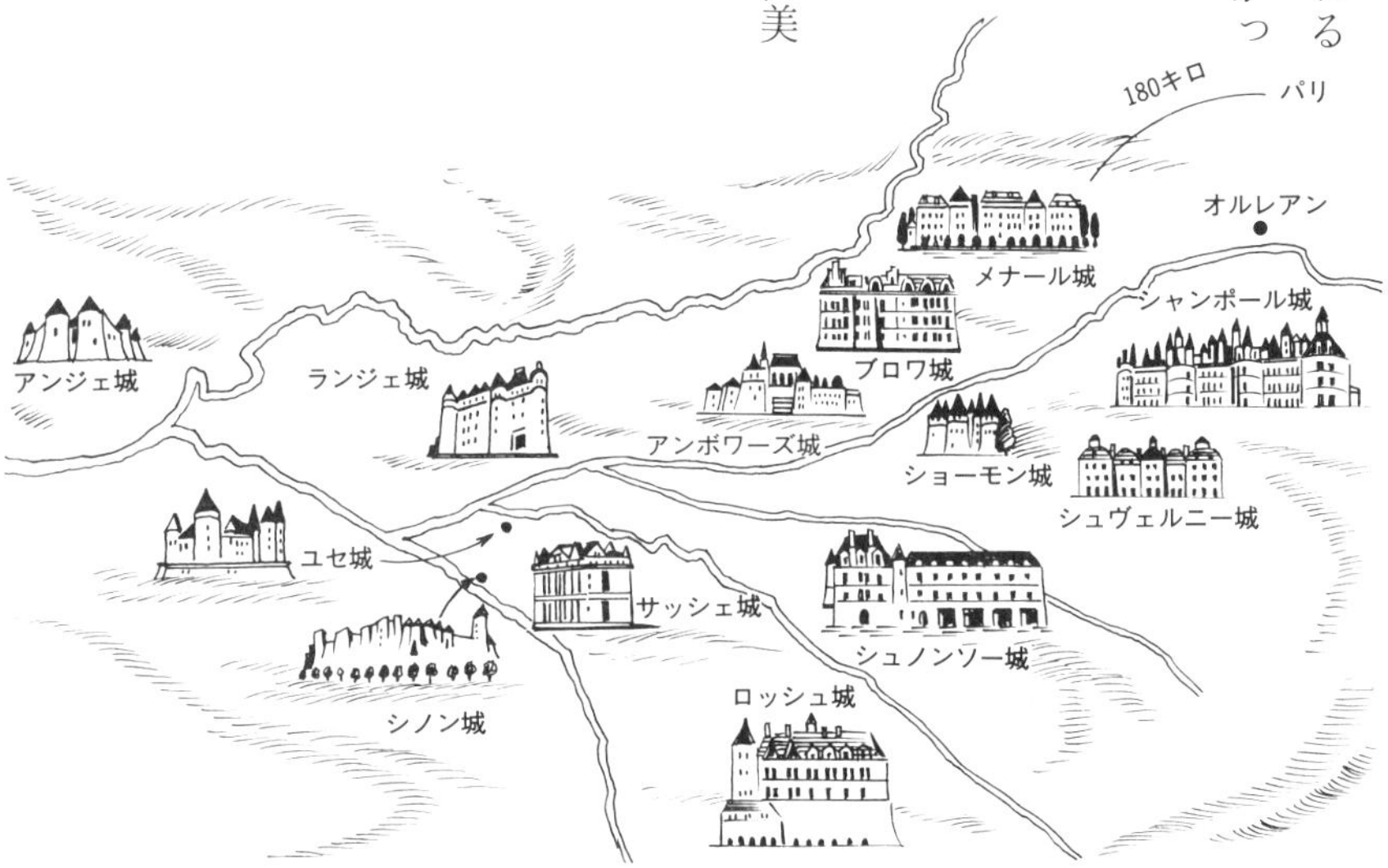

物語『眠れる森の美女』のユセ城

〝城館〟はロワール河流域に集中している。

前述（一〇七ページ）の、フランス数学史講演の際、終了後の控室での雑談のとき、世話係の一人が、

「ロワール溪谷には、流域四〇〇キロにわたって大小数百ある城の中、美しい城が十数個もあるそうですが、行かれましたか。」

と質問した。三須照利教授は、ニッコリし、

「私も行く前にそうした予備知識をもっていましたが、この二つとも誤りでしてネェー。〝溪谷〟ではなく、平野を流れています。〝城〟ではなく、王侯、貴族の別荘、というところです。意外でした。

日本の観光客の大部分はパリ市内観光だけで古城巡りは少ないそうですよ。半分のシュノンソー城までで一日コース。『眠れる森の美女』で有名なユセ城までだと、二日コースなので、ちょっとたいへんですが、見学に値しますね。」

「先生は、ずいぶんフランスの古城に興味をおも

ちのようですが、数学と関係があるのですか。」

別の人がこんな質問をした。

「表面的には、〝城と数学〟には関係がないですね。

しかし、私の数学の目でみると、いくつもの『答のない問題』がみえて興味深いのです。」

「たとえば、どんなことですか？」

「箇条書きでいいますと、
(一) 設計図はどのようにして作ったのか――投影図的能力――
(二) 実際の作業の前に厚紙か木で実物模型を作ったと思われるので、その縮図の問題
(三) 美しさのための構成、たとえば左右対称、律動性あるいは黄金比の配慮
(四) 城内戦闘に備えての、建物のカラクリや迷路の工夫
(五) その他、各城や庭園独自の幾何学的アイディア
などですね。」

うなずきながら聞いていた人が、うれしそうに、

「三須先生の先ほどのお話で、フランスが幾何学王国で、座標幾何学、射影幾何学、画法幾何学など、たくさんの幾何学を誕生したといわれましたが、たくさんの美しい城の建設の背景には、この底力があったのですね。やっと頭の中で結びつきました。」

三須照利教授は思わぬ理解者を目の前にして照れながら、

「そうですね、フランス幾何学と華麗な城との結びつきは、観光ガイドの本にはもちろんのこと、建築史や数学史の中でも論ぜられていませんね。〝私の発見!〟といっていいかな。」

そう言って笑った。

三須照利教授は、ロワール流域の城巡りでは、前述の数学の視点のほかに、もう一つの目的があった。それは有名な歴史的事項とのかかわりで、『眠れる森の美女』のユセ城もその一つ。『ジャンヌ・ダルク』(一四一二~一四三一年)のシノン城にもおおいなる興味があった。

フランスの王位継承問題に端を発した英仏百年戦争で、窮地にあったシノン城のフランン王を一田舎娘ジャンヌ・ダルク(一三歳)が助けたが、後、火あぶりの刑で生涯を閉じた(一九歳)。

パリ市内,金色のジャンヌ・ダルク像

左の城は、一五六〇年のアンボワーズ陰謀事件で有名。
首謀者達は、城壁から吊し首にされたり、袋詰めにされてロワール河に投げ込まれた、という残忍な物語がある。

優美な城を見よう

戦略要衝の地のアンボワーズ城

堂々とした白亜のシャンボール城

美しさで有名なシュノンソー城

四、迷路と迷宮

ネットワーク理論

イギリス人が敬愛する英雄、伝説的義賊といわれる〝ロビン・フッド〟は一二世紀末の人物である。イングランドの中央部にあるノッチンガム近くの「シャーウッドの森」で農民のために戦ったので有名。

ときのイングランド王、リチャード一世は第三回十字軍に参加したり、フランス王フィリップ二世と戦ったりし、勇敢で〝中世騎士の範〟とされ、獅子心王の名を与えられたが本国にいたのは六ヵ月であった。（このときの十字軍によって、イタリアに『計算術』が広まった）

治世は弟がおこなった。しかし徴税が厳しく農民を苦しめる悪政だったため、ロビン・フッドが農民の味方となって代官の軍隊を苦しめたが、それは有名なシャーウッドの森の〝迷路〟であった。

古来、弱者が強者に勝つ方法は奇略や迷路による作戦であろう。

わが国でも、城下町が迷路になって敵兵が混乱するような地形を作っている話は有名である。この実用的〝迷路〟は、一方、人々にとってパズル的興味をさそうものである。

一九八〇年頃から、日本で全国的な巨大迷路ブームがおこり、アッという間に一一〇ヵ所もでき、大阪の万博記念公園内のエキスポランド『迷路の砦』では、一年間に七六万人が楽しんだという。

『数学パズル』の研究もし、著書もある三須照利教授は迷路にも関心があった。

教師を目指す学生達に、よくこんな話をしていた。

「数学は元来パズル的な側面をもっているし、それによってある面の数学センスを養うことができるので、ときおり授業にとり入れる工夫が大切と思う。迷路は見通し力を養うのによい。

美城「シュノンソー城」の中の庭園

迷路で遊ぼう

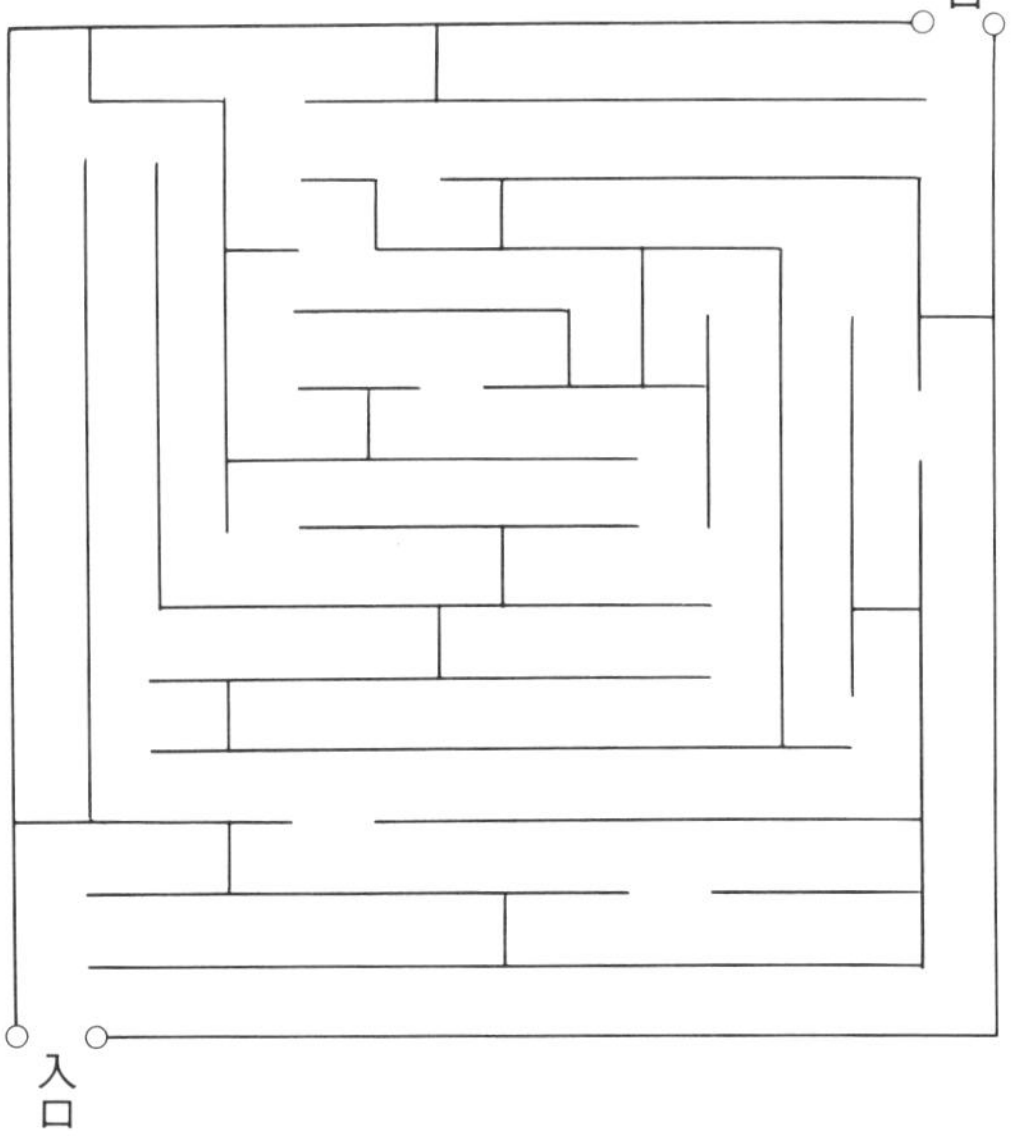

これは最初ヨーロッパの城や宮殿、別荘の美しい幾何図形的庭園から始まった、という。庭園内を低木で区切り、屈折した道を通って出口に行く、という貴族や王妃などの遊びになったり、それが庶民化したようだね。

これを研究に利用した人がいたが知っているかい？」

学生の一人が手をあげて答えた。

「心理学者ソーンダイクが、鼠を使い、迷路でその行動を研究したことでしょう。」

アミダクジも迷路の一種

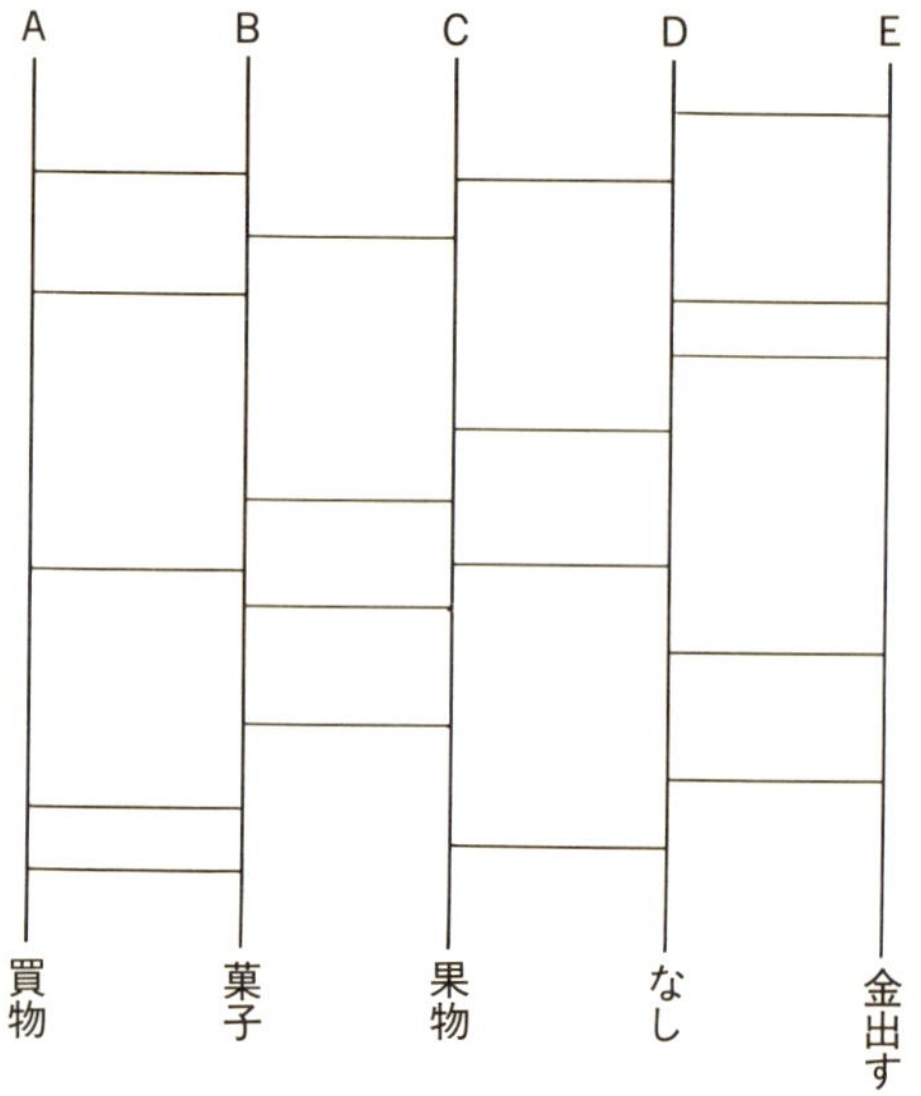

ナゼ、皆が別々のところに到達するのか？

「有名な〝学習での『試行錯誤説』の理論〟を、これで創設したんだね。

君たちが集まってコンパなどするとき、よくアミダクジをするだろう。これも迷路の一種といえるし、それをさらに発展させていくと、最新数学の『ネットワーク理論』『グラフ理論』というものになる。迷路も数学『トポロジー』（位相幾何学）の一部とみられるので、単なるパズルではない。

君たちも興味ある迷路やアミダクジを考えて、数学の視点で研究してごらん。」

三須照利教授は、ＯＨＰ機に上の新聞記事のＴＰ紙をのせて、

「現代都市は、地上に高いビルや高速道路、地下には地下鉄のほか地下道や下水道、あるいは電話線などが縦横にあり、まさに三次元の迷路になっている。

東京育ちの私でさえ、先日も、新宿の地下道で迷った。まあ、たいへんな時代になったものだね。」

そういって、もう一枚写真をみせながら、

「これは私が、あのイラクのクウェート侵攻のとき命がけの旅行（'92・8）で、ようやくトルコへ脱出してカッパドキアでみた洞窟都市だが、三世紀隠れキリスト教徒がローマ兵の追跡や攻撃から逃れるため、生活の場がこの岩山で、〝立体迷路〟になっている。私も入ってみたが、たちまち迷ったよ。矢印がなかったら、永久にでられなかったかも知れない。」

迷路のような地下都市つなぎネットワークに

建設省が整備方針

公共駐車場と結ぶ　大阪駅南側　新宿駅西口
高層ビルを縦横に

あかずの入り口　利用できないので入り口を閉めたままの京王プラザホテルの地下道

いったん地上へ
災害時には危険

（'89.1.18付　朝日新聞）

隠れキリシタンの洞窟都市（トルコのカッパドキア）

五、城塞パズル

減っても減らない

堀に囲まれた古城

その昔、忠臣蔵の四七士が吉良邸に討ち入ったとき、くらやみと慣れない家の中での戦闘のため、同士討ちを避けるために〝山〟〝川〟の合言葉を使ったという。

古城の出入りにも、合言葉のようなものがある場所もあったであろう。

ある古城では、入城に際し扉の番兵が、質問を出し、相手の言い分にイエスかノーだけの返事をして、五つだけの範囲で正解がでないときは、あやしい人物として入城させない、という規則があった。

たとえば、番兵が入城希望者ケン・オグリーに、

「〝黎明の部屋〟の置物は何か？」

と質問する。（質問内容は毎日変える）

①「その置物は木製ですか」　「イエス」
②「動物でしょう」　「イエス」
③「ライオンですか」　「ノー」
④「人間の騎士ですか」　「ノー」
⑤「この城主の像でしょう」　「イエス」

ちょうど五つで答えられたので、ケンは入城できた。

わずか五回のイエス、ノーだけの返事で、答の範囲に想像以上に近付くのである。

かつてNHKラジオの名物番組に『二十の扉』というのがあり、司会者がイエス、ノーしか答えないのに、あまりにも当り過ぎる、という聴取者の声があったというが、上の計算でわかるように、二〇回の質問で、返事がイエス、ノーでも、実は想像以上にたくさんの質問をしているのと同じことになっているのである。

二進法のスゴサである。

無事入城できたケンは、連絡のため参謀室へ行くことになった。

イエス，ノーの5つ

1,0 の 2 進法と同じ。

$2^5=32$

32 のことを聞いたことになる。

20 の扉

$2^{20}=1,048,576$

100 万回質問すれば、大抵当てられる！

城内に収納した樽

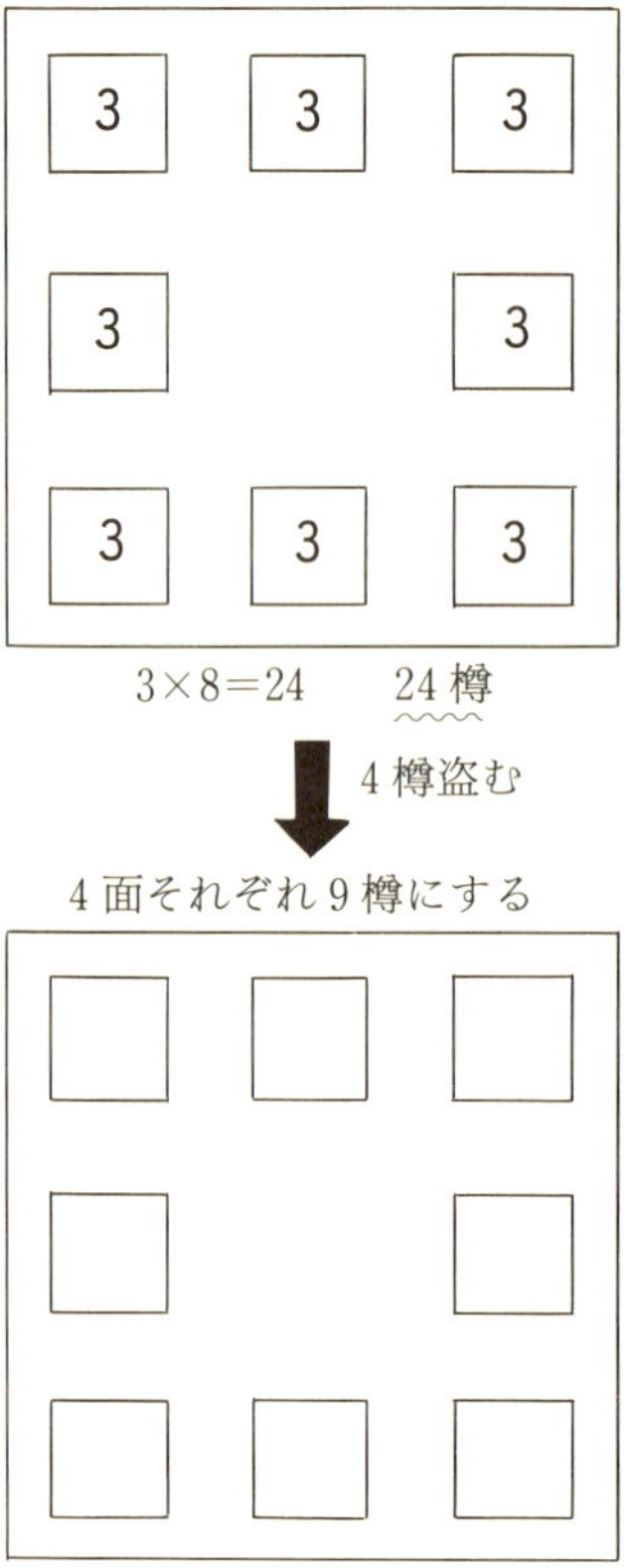

参謀室への道

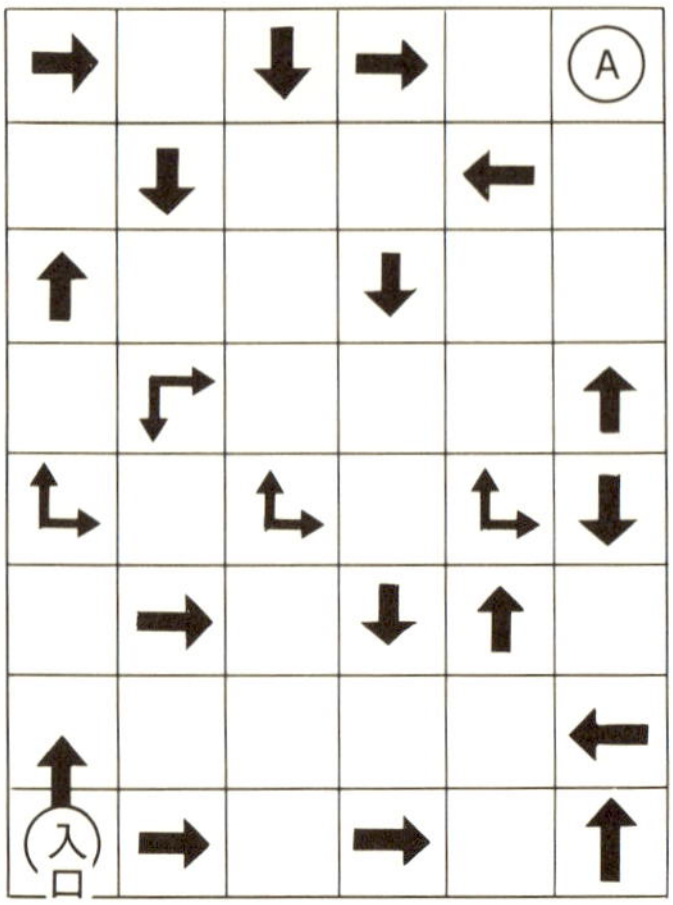

上の図で、矢印の方向に従って次の矢印に向って真直ぐ進む。矢印がふたまたのときは、好きな方を選んでよい。

参謀室Aに行くには、どのような道順をとればよいか、試みてみよ。（いくつもの行き方がある）

この城内には、備蓄食品の一部にワイン樽二四樽が、上図のように八ヵ所の倉庫に収容してあったが、悪い兵士グループが四樽盗んだ上、これがわからないように四面それぞれの樽数は前と変らないように工夫した。どうやったか？

「総数が減っているのに見た目は減っていない。」ミステリーな問題にみえるが『答えのない問題』ではない。

解答は次ページのようである。

城の見張り台の守備兵

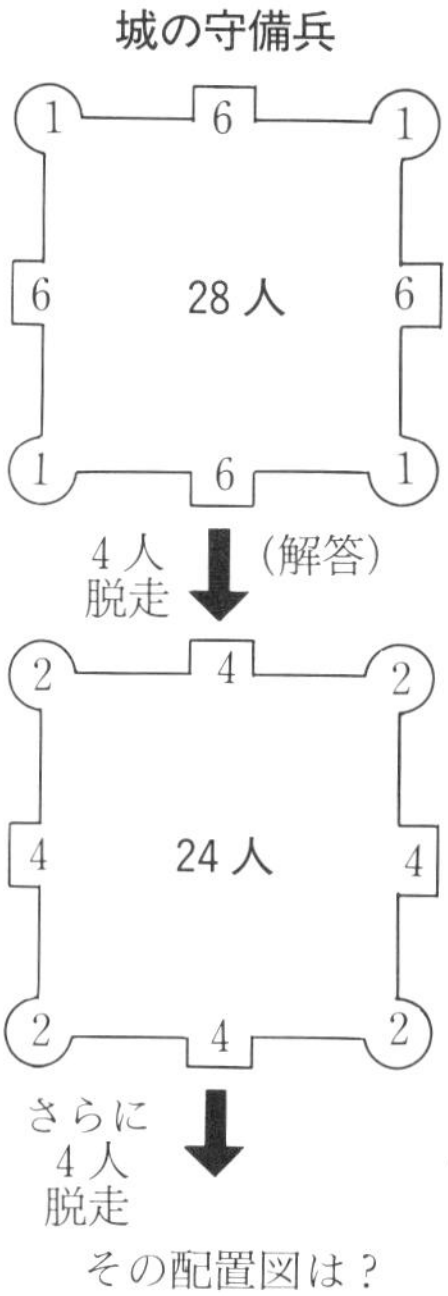

では、この類題に挑戦してもらうことにしよう。

城の八つの見張り台に左図の上のように二八人の守備兵がいたが、敵から見て、各面の人数はそれぞれ八人である。

四人脱走したが、各面の人数は前と変化がないようにした。ある日、さらに四人脱走したが、敵に変化がないように配置するにはどうしたらよいか。

前ページの解答

4	1	4
1		1
4	1	4

りん五《ご》の話

歴史的に有名な物語で、リンゴに関係しているものが、五つあるのでそれを紹介しよう。

(一) アダムとイブは、ヘビの姿をした悪魔の誘惑で禁断のリンゴを食べ、その罪で楽園を追放された。以後、人類は死と苦から逃れられなくなった。(この木はイラクのクルナにある)

(二) パリスはギリシアの神話の英雄で、ペーレウスの結婚式で、争いの女神エリスが黄金のリンゴを三人の女神に投げて美を競わせた。(トロイ戦争の原因)

(三) 白雪姫はドイツの城主の姫だが、継母にいじわるされ、後、継母の魔女の毒リンゴで永い眠りにつく。

(四) ウイリアム・テルは弓の名人で、息子の頭の上にのせたリンゴを見事射た。

(五) イギリスの数学者、物理学者ニュートンは、リンゴの実が落ちるのを見て、『万有引力の法則』を発見した。

第5章

英の統計・仏の幾何誕生の背景

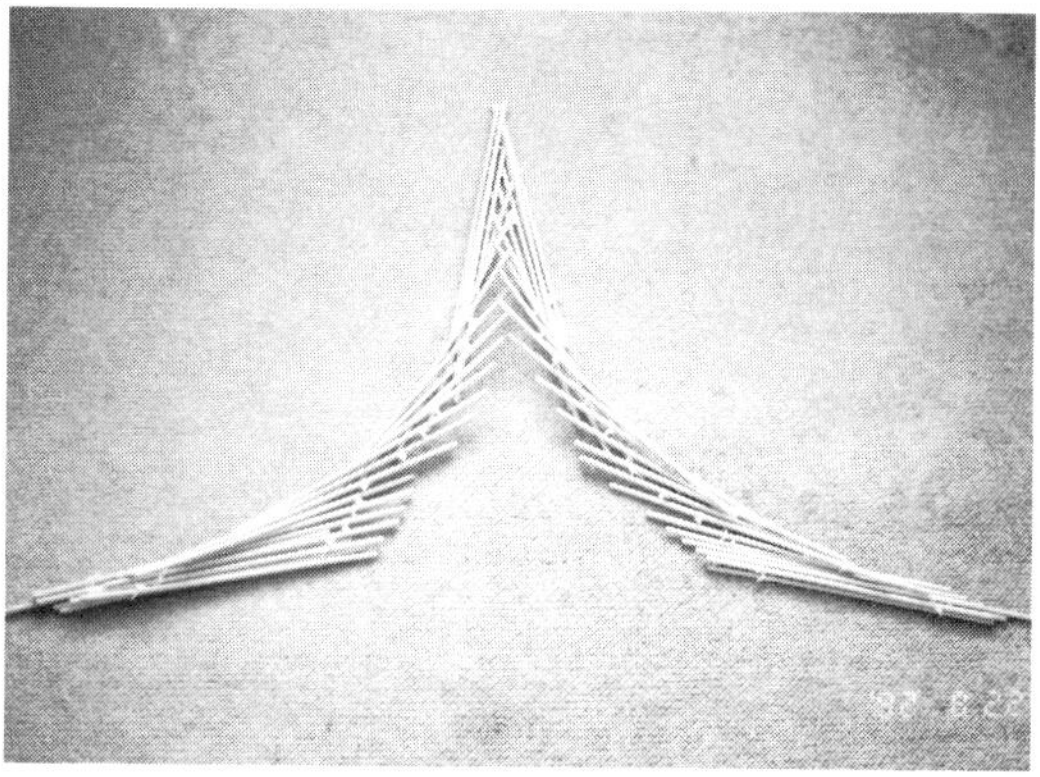

凱旋門のもう１つの顔――アスファルト・ジャングルから逃れて…

一、ショックからの産物

変化の契機分析

人生においては、何度も右か左か、という選択に迷うことがある。そして〝右を選んだが、もし左を選んだら、自分の人生はどうなっただろう〟、そんなことを考えてみることもあろう。

三須照利教授は、大学進学で二つの岐路に立ったことがあった。

父は、自分が果たせなかった思いを息子に託して教師になれ、といい、身内に歯科医が何人もいた母は歯医者になることをすすめた。彼は幸い、二つの大学に合格し、いよいよどちらかに決めなくてはならず、ある夜、家族会議を開いた。

もちろん、意見百出でなかなか決定しなかったが、姉の一言で結論が出た。

「いまは戦時下（昭和一九年三月）だから、いずれ照利は戦地に行くでしょう。歯医者でも野戦病院に行かせられるから流れ弾などで片腕を失うことがあるかも知れない。そうしたらもう歯医者はできない。しかし、先生なら、片腕や片足がなくなってもやっていけるから、先生になった方がいいのではないか。」

かくて三須照利教授は教師の道を歩むことになったが、いまでも、もし平和な時代だったら、いま時分は歯医者になり、人生も変っただろう、と考えることがある。

こうした体験をもつ彼は、若い頃勤務した、毎年双生児を二〇組近く入学させている東大附属学校で、一卵性である対《つい》の二人が将来どのような進路をとり、どのような職業でどういう人生を過すのか、について大きな興味・関心があった。

一卵性双生児――本来は一人で生まれるところ、何かのショックで卵が二つに割れて遺伝因子が全く同じ二人の人間が生まれた――では、ある人が同時に二つの人生を歩むのと同じようなものと考えられる。その点、全くうらやましい存在といえる。

三須照利教授は、教育学をも専攻した関係から、双生児研究と双生児法についてはたいへん熱心に取り組んだが、とりわけ一卵性双生児同士の差異に注目していた。

全く同じ遺伝因子をもっているのに、ナゼ!!
○学力差や教科の好き嫌いの差が出るのか。
○ちがう友人グループに属したり、異なる親友をもつのか。
○クラブが文化部と運動部と、ちがうものがいるのか。
○大学の進路、専門が異なるのか。
○恋人が別なのか。……
彼は、ときに自分を一卵性双生児の対の一方になったと仮定して、これらの問題について考えてみたりしたのである。

私は一卵性双生児の弟照利《てるとし》、相棒の兄の名は暗利《くらとし》という。
母が『双生児の母の会』で先生から聞いた話では、双生児にはA児型とB児型があるという。
A児とは兄姉、B児とは弟妹で、成長過程でつくられていく性格とのこと。

A児タイプ――自制的、ひかえ目、几帳面、指導的、責任感が強い

B児タイプ――快活、社交的、調子にのりやすい、依存的、多弁、こっけい

という二つの特徴があるそうで、一般児でいうと、A児は長男・長女、B児は次男・次女に見られる傾向であるという。〝環境〟が人間をつくる部分があるということである。

そういえば、兄暗利は、静かで落ちつきがあり、やや暗い感じがするが、私は弟的で、明るく、調子がよい、という自覚がある。

二人が四六時中、一緒にいるのに、それぞれ何回か別のショックを受け、その都度二人の間にちがいができて似ない部分が生まれてくるのを知った。

あなたが長男・長女あるいは次男・次女だったら、A児、B児タイプに当てはまるかを自己観察してみるのもおもしろい。

人間は、周囲の人々、社会環境やそれらの刺激がショックとなり、そのショックの産物――プラスもあればマイナスもある――が生じ、その人の人格や考え方ができていく。

これは社会でも民族・国家にもいえることで、イギリス、フランスは一卵性ほどでないにしてもよく似た国家であった。本書の「はじめに」で述べたように、

○一一世紀頃から栄え、一八世紀以降世界の大国になる。

○集権的封建制で、王朝、貴族社会による高く優れた伝統文化を築いた。

○一六世紀に宗教改革、一七世紀に王制問題とそれぞれ取り組んでいる。

○世界中に植民地をもち、第二次世界大戦後に失った。

などで、世界の歴史上でも、これほど似た二国はそれほど多くはない。

そうした関係にありながら、この二国は三須兄弟のように強烈な対立意識に燃え、長い間競い合ったのである。さしずめ、

イギリスは、島国で、地味、素朴、質実剛健、真面目のA児タイプ

フランスは、大陸的で、派手、食物・衣服にぜいたくなB児タイプ

ではないだろうか。

こう考えてくると、イギリスが統計学、フランスが幾何学、という数学的ミステリーも、

コツコツタイプのA児が緻密《ち》で時間のかかる計算を

パッパタイプのB児がひらめきと直観で見通す幾何学を

特徴としたことが、何か理由づけられてくるような気がする。

三須照利教授は、こうした革新的で新鮮な理論展開に、自ら満足したようである。

二、ロンドン市の伝染病と大火

統計学の誕生

かつて世界の中心地ロンドン市では、一七世紀に二つの事件が起き、それが大きなショックになって、二つの数学が誕生したのである。

第一は、多数の死者を出した〝伝染病〟に関係したものである。

イギリスは一六〜一八世紀に海運国、海軍国として大発展し、多くの富を得ただけでなく、世界中にたくさんの植民地や通商国をもっていて、世界中の物資がロンドン港へと運ばれてきた。

ロンドン港は、テムズ河の河口から六〇キロ上流にあり、近くのグリニッジには天文台（初期は航海天文学のため）や王立海軍大学、国立海洋博物館があり、ロンドン市の入口となっている。（六七ページ地図参考）

この港から市内へ運び込まれた物資と共に、いろいろな種

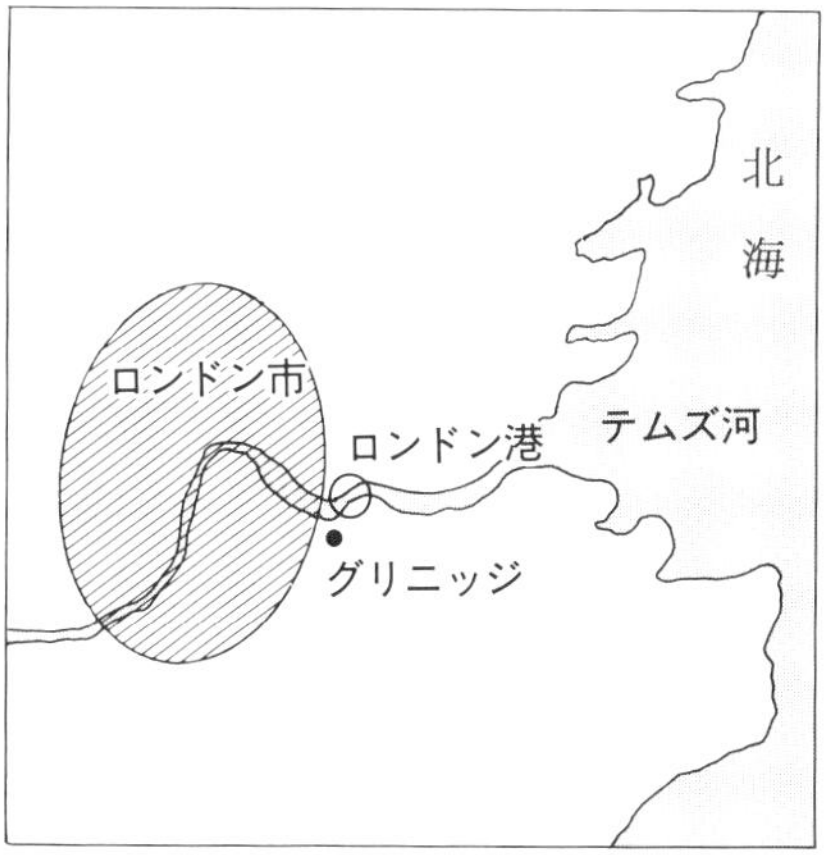

類の伝染病も、もち込まれ毎年多くの市民がこれで死亡した。

ロンドン市では、各教会からの資料をまとめ、毎年「死亡表」を発行していたが、金持ち達は、この情報をもとに郊外の別荘へ避難したり、商人は商用の参考にしたりして利用していた。

しかし商人ジョン・グラント（一六二〇〜一六七四年）は、この表を別の目でみた。

〝一枚の数の表からは何もわからないが、たくさんの表を通してみると何か発見するかも知れない〟、そう考えて過去六〇年間にさかのぼり死亡表を集めて、資料の分析をした。その結果、彼は、一六六二年に『死亡表に関する自然的および政治的観察』という著書を発表したのである。

これが、〝近代統計学〟の出発点となっている。

伝染病という一つのショックからの産物といえよう。

それまでの数の表は、本来統計とはいわない。（いうなれば〝素朴な統計〟）

『統計学』とは、たくさんの数の表の奥にある、ある傾向を読みとることである。

一七世紀のジョン・グラントのこの研究は、後世に引き継がれ、ピアソン、フィッシャーらによって確固としたイギリス統計王国を築くことになる。これについては後述しよう。

第二は、同じようにたくさんの被害と死者を出した〝大火〟に関係したものである。

イギリスの発展と共に、ロンドン市に人が集まり、家屋が密集し地域も広くなっていった。

一六六六年九月二日の深夜、ブディング・レーンのパン焼用のカマドから出火した火は、またたくまに燃え広がり、一夜のうちにロンドン市内の$\frac{2}{3}$を焼き尽し、一万三千軒の家が消失した。

ロンドン市民は、このことを忘れないため、出火地点近くに大火記念塔（モニュメント）を建設した。

これは、セント・ポール大聖堂などを設計した有名なクリストファー・レンによるもので、優雅なドーリア式で、高さが約六〇メートル（二〇二フィート）ある。

塔の脚（台座）部分の彫刻と解説

ロンドン中心部

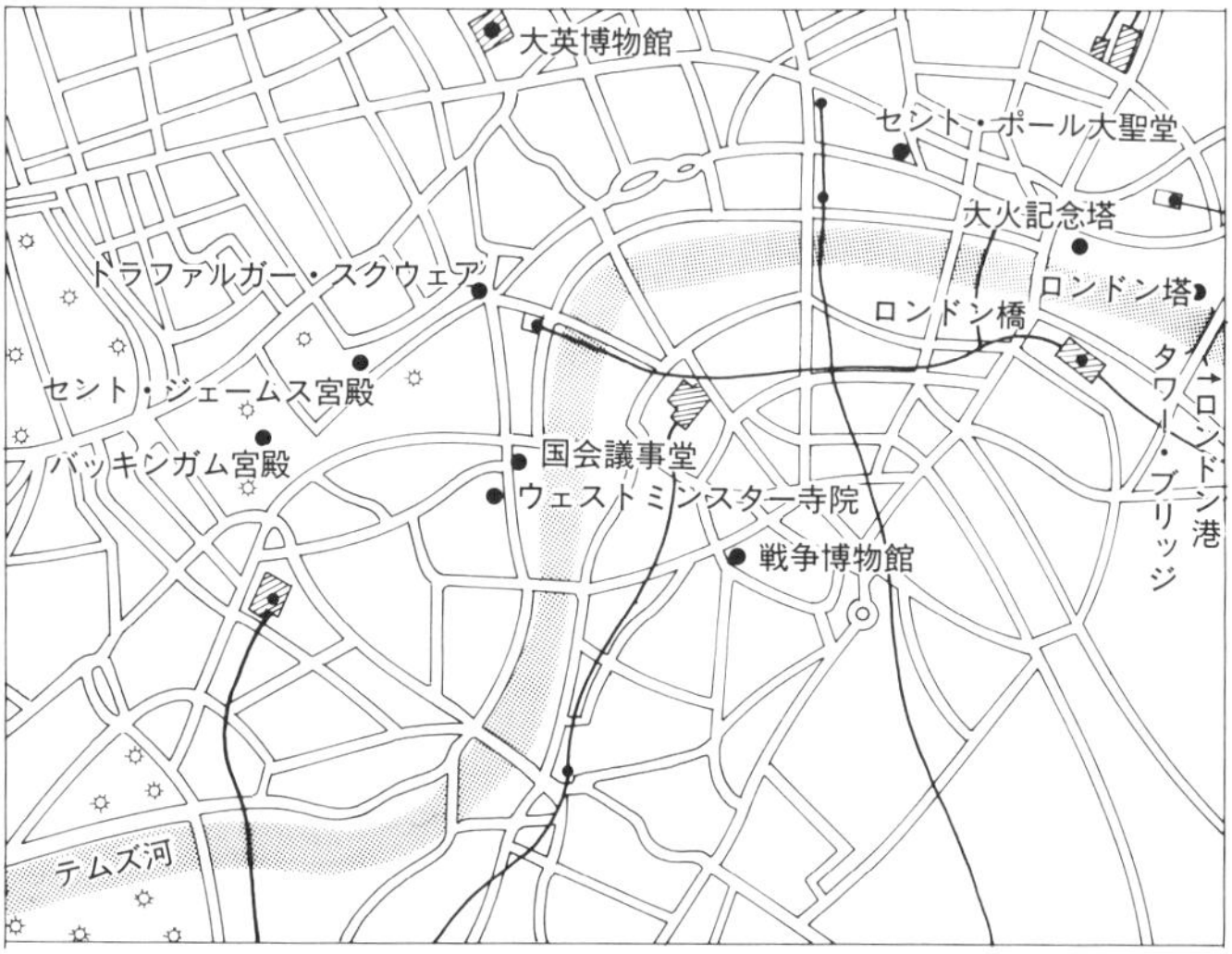

大火記念塔

二〇二フィートという半端な長さは、出火点からこの塔の位置までの距離によったからであるという。

こういう話をしたあと、写真をみせながら、三須照利教授は次の質問をするのがつねである。

「この結果、ロンドン市民はどうしたと思う?」

すると多くの人は、

「消防隊や消防施設をふやした。」

「火災に強いレンガ造りの家にした。」

などという。これが常識的な答である。

「実は、それらもあったが、もっと革命的なものさ。互助協力という面の創案だ。」

「お金を出し合って蓄えておくのですか。」

「そう、火災保険制度の誕生だよ。さすがイギリスは統計の国だと思うだろう。火災保険というのは、火災の頻度や被害金額などの条件が家の戸数分だけあり、そのため保険金や保険料を決めるには、統計学と確率論を存分に使わなくては計算できない。イギリスで、ジョン・グラントが『統計学』を創案してから、二〇年後に火災保険制度が成立したんだよ。」

「生命保険の方が先にできたのではないですか。伝染病に関係して……」

「こちらは火災保険の一〇年ほどあとになる。創案者は、皆も知っている有名な人だよ。」

「誰でしょう？？？」

「ハレー彗星で有名なエドモンド・ハレー（一六五六〜一七四二年）だよ。

科学的な『死亡表』を初めて作りあげた人で、オックスフォード大学教授だったことは、あまり知られていないね。天文学者としては有名で、グリニッジ天文台長もやっている。

この彼が、生命保険制度を創案したんだよ。」

海上保険と気象証明

火災保険が誕生し、生命保険が発足すれば、海運国イギリスのことだから、『海上保険』も作られただろう、と予想するのがふつうである。

海上保険では、火災・生命保険とは全く別の資料が必要となってくる。そしてこれもまた、数学とは切っても切れないもの、〝証明〟である。

たとえば、よくある事故、事件として、

○「釣り船が転覆した」このとき操縦ミスか、天候によるのか。

○一万トン級の貨物船が港に入れず荷をおろせなかった。（運航経費一日約二〇〇万円の損害）

これは船会社のミスか、天候が悪くシケなどのため入港不能であったのか。

などがある。

もし、天候上の問題だとすると、保険の支払いを受けるにはその日の気象状況を証明することが必要になる。

こうしたことから、気象台では「気象証明」というものを発行している。日本では一年間に国内外船に対し一六五〇件もの証明書を出しているという。

〝保険と証明〟、思わぬ組み合わせである。

三、「デタラメ」の効用

推計学の誕生

〝偶然の数量化〟といわれた一七世紀誕生の数学『統計学』と『確率論』は、その発生が一方は人間の死、他方は賭博という娯楽、と天地の差はあるが、どちらも人間の生活に結びついた応用数学であり、社会科学の領域に属する問題解決の道具であった。

しかも、人間の悲・喜劇から誕生したともいえるこの両者が、対立ではなく協力することによって、難解で複雑な〝保険制度〟というものを完成させたのである。一七世紀における人間社会に対する大貢献、大偉業といえよう。

この両者協力の応用数学の偉大な力は、二〇世紀においても発揮された。

それは『推測統計学』(推計学)と呼ばれるものである。

これの一部である標本調査(サンプリング)は、極めて日常的な応用数学になっている。

ではここで、誕生までの経過を紹介することにしよう。

ピアソン(一八五七〜一九三六年)は数学を専攻して、ロンドン大学の応用数学と力学の教授になったが、社会、宗教の問題に関心がある一方、進化論研究から、生物学、遺伝学、優生学の方面などの研究にかかわり、生物統計学者として活躍した。
彼は、まだ科学的でなかった統計学を、立派な応用数学にまで確立することが目標であり、しかもそれをなしとげた人物であった。彼の有能な弟子にフィッシャーがいた。
フィッシャー（一八九〇〜一九六二年）は、ピアソンの研究室に残ることをすすめられたが、これをことわり、ロンドン郊外のロザムステッド農事試験場の統計部長に就任した。（一九一九年）
彼は、農事試験では膨大な資料と取り組まなくてはならないことを発見した。一例を小麦の研究にとると、
○小麦にたくさんの品種がある。
○実験農場の畑にも、土質、配水、日当り、など多数の異なる条件がある。
○肥料にもいろいろなものがある。
などなどで、これらを組み合わせると何十、何百の種類ができ、すべての実験結果を得るには、一年に一種類の実験しかできないので何十年、何百年も必要とすることがわかった。

ロザムステッド農場の入口

彼はここで恩師ピアソンの方法『記述統計学』のもつ欠陥や限界を発見し、確率論を導入した新しい方法を試みることにした。

ある畑に、いく種類かの小麦や肥料の実験をするのに、畑をいくつもの区分に等分にわけ、実験の条件をできるだけ同じようにした。いわゆる〝全数調査〟的なものではなく〝標本調査〟的な方法によって、時間、費用、手間を省略しようと考えた。

彼は左のように、一つは実験のための配置法にいろいろな方法を工夫すると共に、その結果が全体の縮図となっているか、という結果の検査——後に〝検定〟という——の方法も考案している。

この方法で、もっとも難しくしかも重要なことは、「縮図を作る」ことであり、全体からとり出し

実験計画法

- 実験配置法
  - 完全無作為法
  - 乱塊法
  - ラテン方格法
  - 多元配置法
  - 交絡法
  - 要因配置法
- 変量分析法
  - 検定理論
  - 分布条件
  - 他

ラテン方格

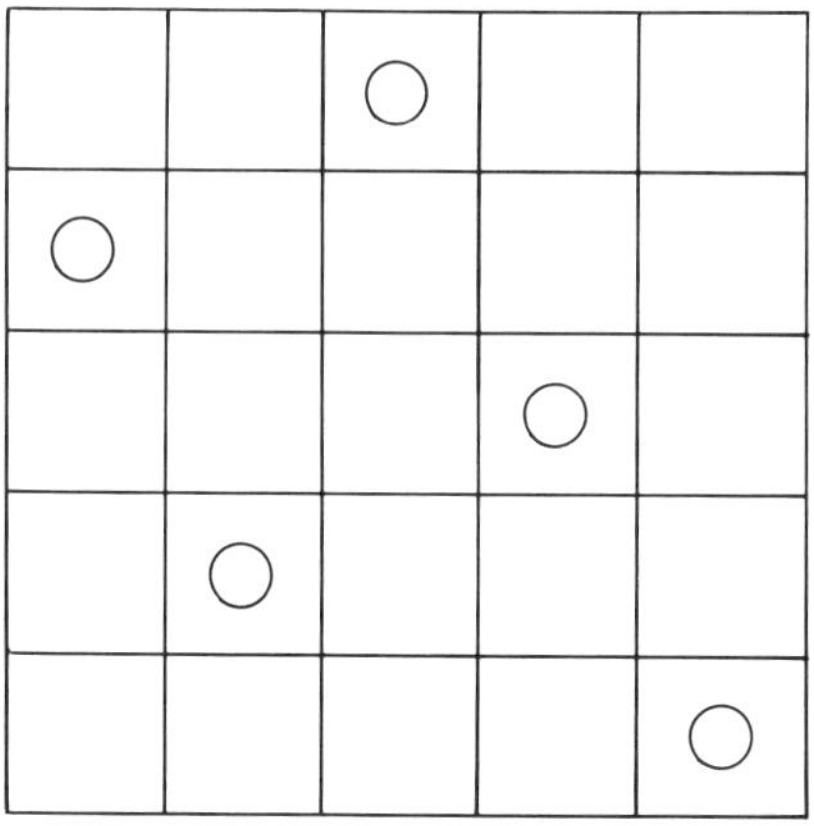

魔方陣の仲間
(○印は縦，横，斜めのどれも同一線上にない)

た一部が、全体の性質、傾向、特徴がほぼ同一であることが不可欠である。

ここで「デタラメ」（無作為、ランダム）という、おかしいが高級なアイディアが有効になる。すでに〝オーパーツ〟（三八ページ）で述べたように、たくさんの芋を焼いたとき、もう焼けたかを調べるのに箸や棒をデタラメに刺してみるとか、汁の味加減をみるのに、よくかきまぜて、適当なところからスプーンですくって調べる、というアイディアである。

このデタラメ、適当の作業は、ふつう乱数サイコロを用いるか、これで作った乱数表を利用する。

これで母集団（全資料）から標本（縮図）をとり出し、母集団の代用である標本――サンプルとも

抽出法

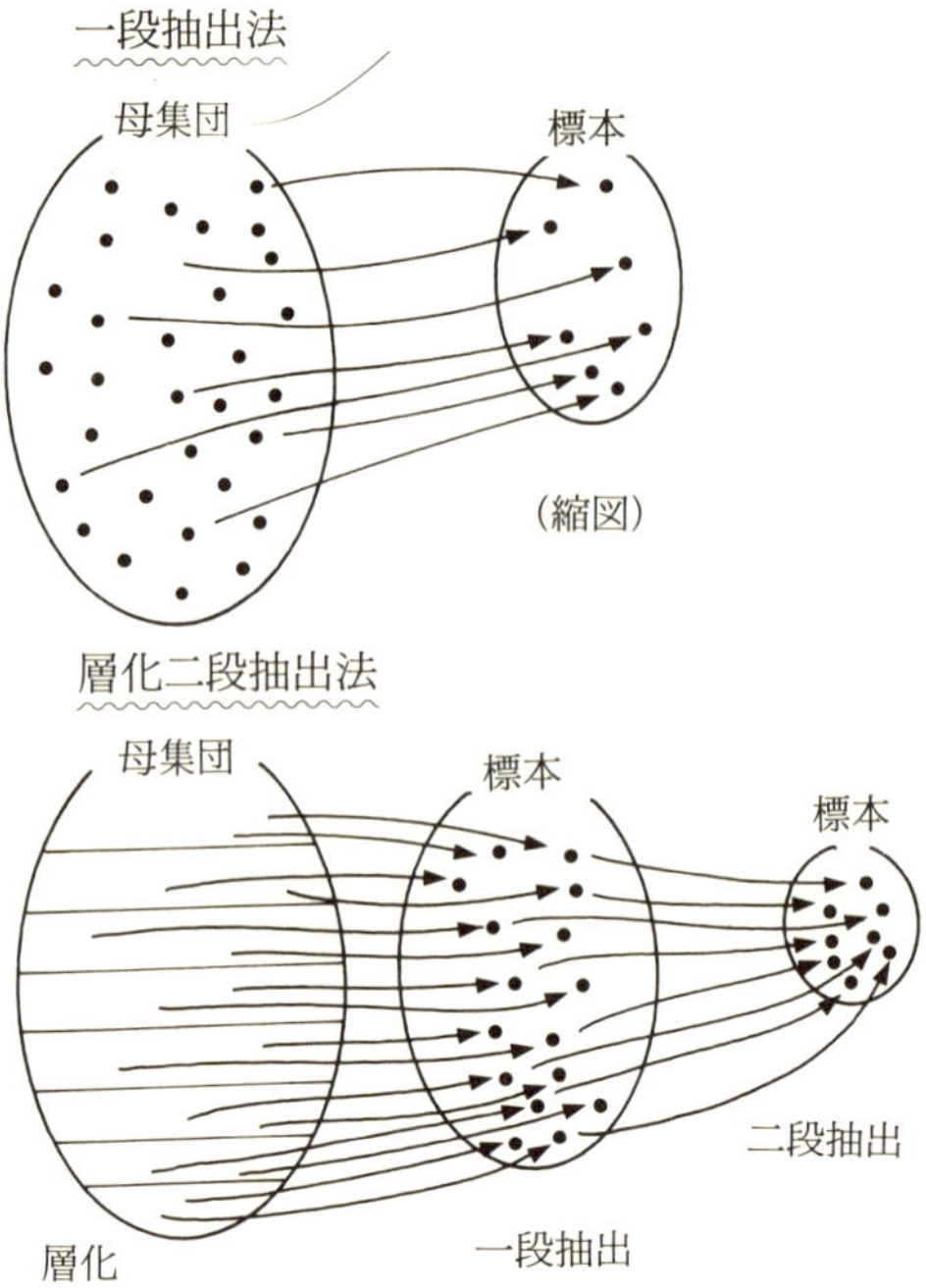

乱数サイコロ
（正二十面体で０～９の目が２組ある）

いう――を調べることによって、母集団の性質、傾向、特徴を調べる。

『推計学』の主役である標本調査（サンプリング）は、時間、費用、手間をはぶき能率良く、より正確な結果を求める方法であるが、さらに発展し、一般的に不可能なことの調査も可能にした。

標本調査の利用方法として次の三つがある。

㈠ 膨大な資料を調べるのに、時間、費用、手間を省く場合
(例) ＴＶ、ラジオの視聴率やある問題についての世論調査など

㈡ 全部を調べることができるが、そうすると都合が悪い場合
(例) 缶詰や蛍光灯、袋詰菓子などの大量生産（破壊検査をするため）

㈢ 全部を調べることができない場合
(例) 河や湖、空気の汚染度を調べるとき

ただこの方法では不安が残るものである。

「結果は本当か、信頼できるか」という問題である。

〝検定〟という理論的方法があるが、それとは別に五年に一度ある『国勢調査』によってそれが調べられる。

国勢調査の資料について標本調査をし、その結果と後の全数調査との比較をすれば、信頼性の度合が判断できるのである。この実例から標本調査が保証された。

広野の動物の数や池の魚の数

一四万人の幽霊

ある年の『メーデー』（五月一日）で、東京の代々木公園に集まった労働者は、主催者側発表は一九万六千人で、警視庁発表は五万五千人であった。

両者の差はナント一四万人！　幽霊人口という言葉があるが、まさにミステリー。

主催者側は各労働組合単位の報告にもとづく集計なので正確だといい、警視庁側は会場入口でのチェックと、航空写真をもとにした推計値とによるので誤りない、という。

社会で推計が用いられる代表は、ＴＶなどの視聴率調査と選挙予測であろう。

選挙予測では、一般的方法は「無作為二段抽出法で選出した人に対し、調査員が面接または電話で調査する」というものであるが、最近はこうした〝事前調査〟と共に選挙当日多数の会場を抽出して、投票者に対する〝出口調査〟をするようになった。これは、その名の通り投票を終えて会場から出てきた、その出口で、「いま投票した人や党」について調査するもので、本人が正直に答えてくれさえすれば、事前調査より遥かに精度の高いものである。

これらの情報をもとに、開票前に当落の大勢をＴＶやラジオで放送するが、まだまだ不正確で〝当確〟とされた人が落選したりするミステリアスなことが起きる。

四、ナポレオンは数学好き

戦争と数学

「兵士よ。このピラミッドの上から四千年の歴史が諸君を見下ろしている。」(エジプト遠征のときピラミッドの前で)「数学の進歩と完成は、国家の繁栄と密接に結びついている。」など、ナポレオンは数々の名言を残している。

ナポレオンの略歴

○ 1769 年　コルシカ島の資産家の子として生まれる
○ 1784 年　パリの陸軍士官学校に入学
○砲兵士官としてフランス革命に参加
○軍司令官としてイタリア遠征(1796〜97 年)
○エジプト遠征の指揮(1798〜99 年)
○ 1804 年　国民投票で皇帝となる
○ 1805 年　トラファルガーの海戦で英に敗北
○ 1812 年　ロシア遠征で惨敗
○ 1814 年　エルバ島に流され
○ 1815 年　脱出し，百日天下
○ 1821 年　セントヘレナ島で死亡

フランスの数学者を輩出したのは次の二校であった。

陸軍士官学校――一七五二年創立。ラプラス、ルジャンドルが教授。フーリエ、ポンスレなど出身。ナポレオンは一七八四年卒業。

エコル・ポリテクニク（高等工芸学校）――一七九四年創立の科学技術学校、後、砲工学校、技術学校を兼ねた兵学校になる。ラグランジュ、モンジュ、フーリエ、ラプラスなどが教授。ポアソン、コーシーなど出身、後教授になる。

ナポレオンが「〝金の卵〟を生むめんどり」といった高等工芸学校

陸軍士官学校正面

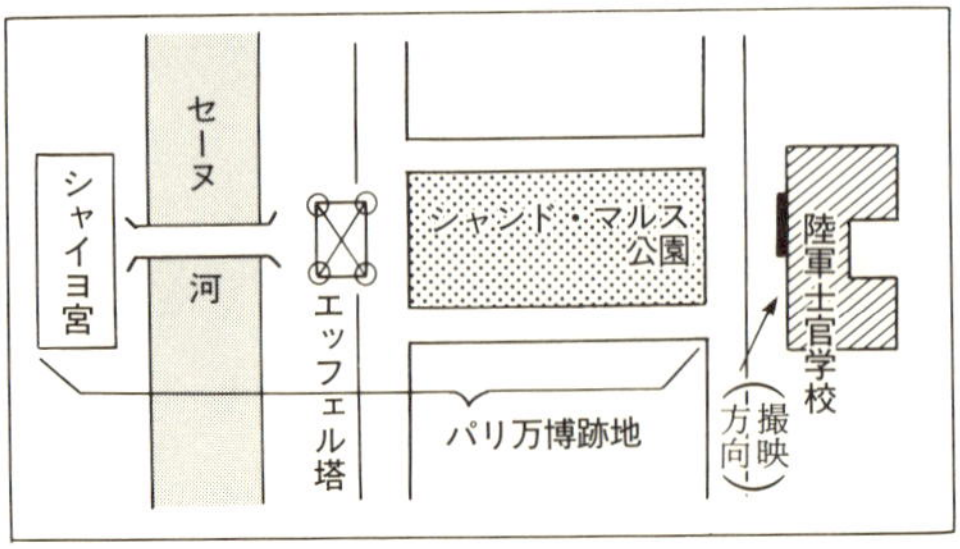

後世に名を残す超一流の数学者が十数人も、この二校の教授や出身者から出ているのである。

すでに一一一ページの表にまとめたが、ナポレオン時代がフランス数学の最盛期であったのは、ナポレオン自身が数学を好んだだけでなく、戦争において数学は欠くことのできない学問と考え、おおいに奨励したからであると考えられる。（ナポレオンは、下のような簡便な測量をした、といわれている。）
○ラプラス、ラグランジュは砲弾の弾道研究をした。
○モンジュは城塞構築の設計法である『画法幾何学』創案。
○ポンスレは、ロシア遠征に参加し、捕虜となって収容所に入れられたとき、ここで『射影幾何学』の基礎を築く。
○フーリエは、エジプト遠征に従軍する。
○コーシーは、軍港の要塞構築に従事する。
など、平和時では考えられない数学者の生活であったが、それにもかかわらず、高度な研究業績を残しているのは不思議とさえ思われる。

三須照利教授は〝戦争と数学〟との間には、密接な関係があ

ナポレオンは帽子をかぶる角度を利用して測量した（合同条件の利用）

目とひさしと敵陣が一直線
になるまで帽子を下げる
敵陣
あとずさりする
川幅に相当する

ると考え、人類の歴史上でその具体的事例を収集している。(『第二次世界大戦で数学しよう』参考)
これは数学が危険な学問なのではなく、戦争が当時の最高の知恵を動員しているからで、その際、「知恵の泉」である数学が登場させられていると考えている。
○アルキメデス(紀元前三世紀)やネピア(一七世紀)の高度武器考案
○一六世紀の暗号解読(ヴィエタ)
○一七世紀の弾道研究からの微分学創案
○一八世紀の画法幾何学(モンジュ)
○一九世紀の三角関数――敵陣までの距離の測定法――
○二〇世紀のオペレイションズ・リサーチ――作戦計画、ORと略す――
などで、軍人で数学好きのナポレオンは数学奨励だけでなく側近に数学者を政治家としても採用し、自分自身も数学を利用(帽子で測量)したり、問題作りをして楽しんだようである。また、ナポレオンは、島流しになっていたとき、退屈をまぎらわすために、『ラッキーセブン』(知恵の板)というパズルを楽しんだといわれている。

では、左の『ナポレオンの問題』と呼ばれている問題を考えてみよう。

「円に内接する正方形を、コンパスだけで作図せよ。」

円周上に正方形を作る四点をとれ、という問題と解釈して挑戦せよ。

五、パリの凱旋門とエッフェル塔

建造美と数学

〝ナポレオン〟といえば「パリの凱旋門」ということになる。

凱旋門は、ギリシアのアクロポリスの丘の「パルテノン神殿」と並ぶ代表的な〝黄金比〟をもつ建築物として、数学界での話題、教材の一つである。

これは、一八三六年、ナポレオンがフランスの栄光を称えるために建築を命じたものであるが、彼はその完成をみることはなかった。（完成に三〇年かかる）

パリのメイン通りであるシャンゼリゼ大通りを通ったナポレオンの遺骸は、この門をくぐったが、現代でも国家的要人の葬列はこの門をくぐるのである。また、門下には無名戦士の墓がある。

さて、〝黄金比〟とは、古代ギリシアの数学者エウドクソス（紀元前四世紀）が、線分を分割させるもっとも美しい比としたもの（黄金分割）で、その後の古代ギリシアでは建築物や彫刻などに多くとり入れられた。

黄金比は、１：0.6 あるいは、1.6：１ の比である。

黄金分割

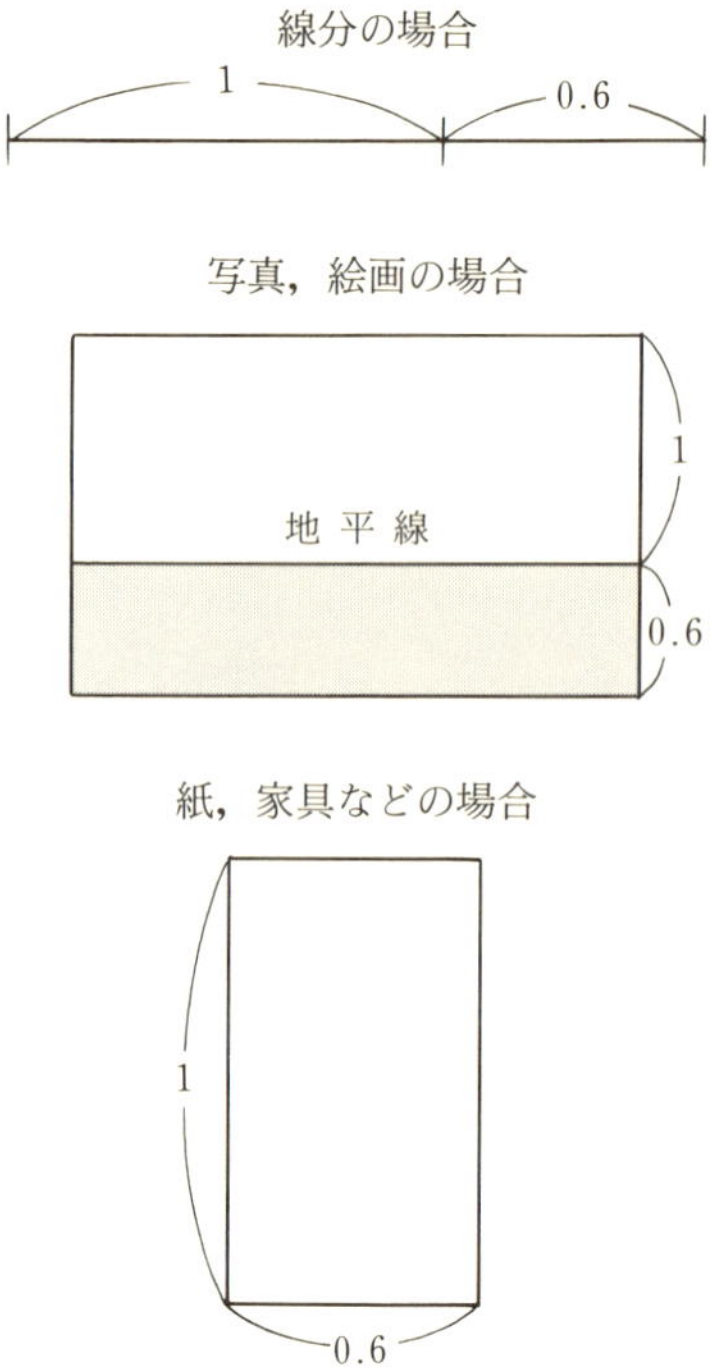

（シャルル・ドゴール広場）

イタリア、一五世紀の数学者パチリオは『神の比例』（一四九七年）を著作したが、これは黄金比のことで正多面体や建築、彫刻のことを述べている。

凱旋門からルーブル美術館までの直線部分はセーヌ河に並行であるが、セーヌ河と垂直な直線広場がある。

これは一六六ページで図にしたパリ万国博覧会の跡地である。

一八八九年はパリで万博がおこなわれ、これを記念して建造したものが、エッフェル塔である。当時、設計、建設者として有名なギュスターブ・エッフェルが設計したことから、彼の名が付けられた。

エッフェル塔は三二一メートルで、地上五七メートル、一一五メートル、二七四メートルの三ヵ所に展望台があり、パリ市内が展望できる。

エッフェルは新鉄骨建築の先端的作品として有名になったが、一方、芸術家や文化人から「鉄の重圧感で優美さに欠ける」と反対、悪評があった。

高さ50メートルの安定美の凱旋門

優美な指数曲線——エッフェル塔
(先方はシャイヨ宮)

この塔は、外形からの美観上や交通の邪魔などの理由から二〇年間でこわしてしまう予定であったが、一九〇三年に、陸軍が無線通信の実験の必要から、存続、保存を主張した。

さらに、第一次世界大戦（一九一四～一九一八年）のとき、敵国ドイツの無線を傍受し、戦略に役立った、という。これらの有用性から、存続された。

数学者・三須照利教授は、こうした歴史物語にも興味があるが、やはり〝数学の目〟で見たものの方に深い関心がある。

エッフェル塔の曲線美は数学でいう〝指数曲線〟そのものであるのである。

シャイヨ宮から見たエッフェル塔
（遙か先方に陸軍士官学校がある）

東京タワーの曲線美

指数関数 $y=2^x$ の対応表

x	0	0.5	1	1.5	2	2.5	3	3.5	4
y	1	1.4	2	2.8	4	5.7	8	11.3	16

日常・社会生活の指数関数 $y=a^x(a>1)$

この指数曲線は、人口増加の法則や物価の上昇、あるいは預貯金複利などのグラフに近い、人間社会にも関係する曲線で、ナゼか、数学が人間とかかわる『答のない問題』の一つでもある。

三須照利教授は、フランス美の中に数学が深くかかわりをもつミステリーに大きな興味をもちながら、さらに探訪の旅を続けたのである。

指数曲線

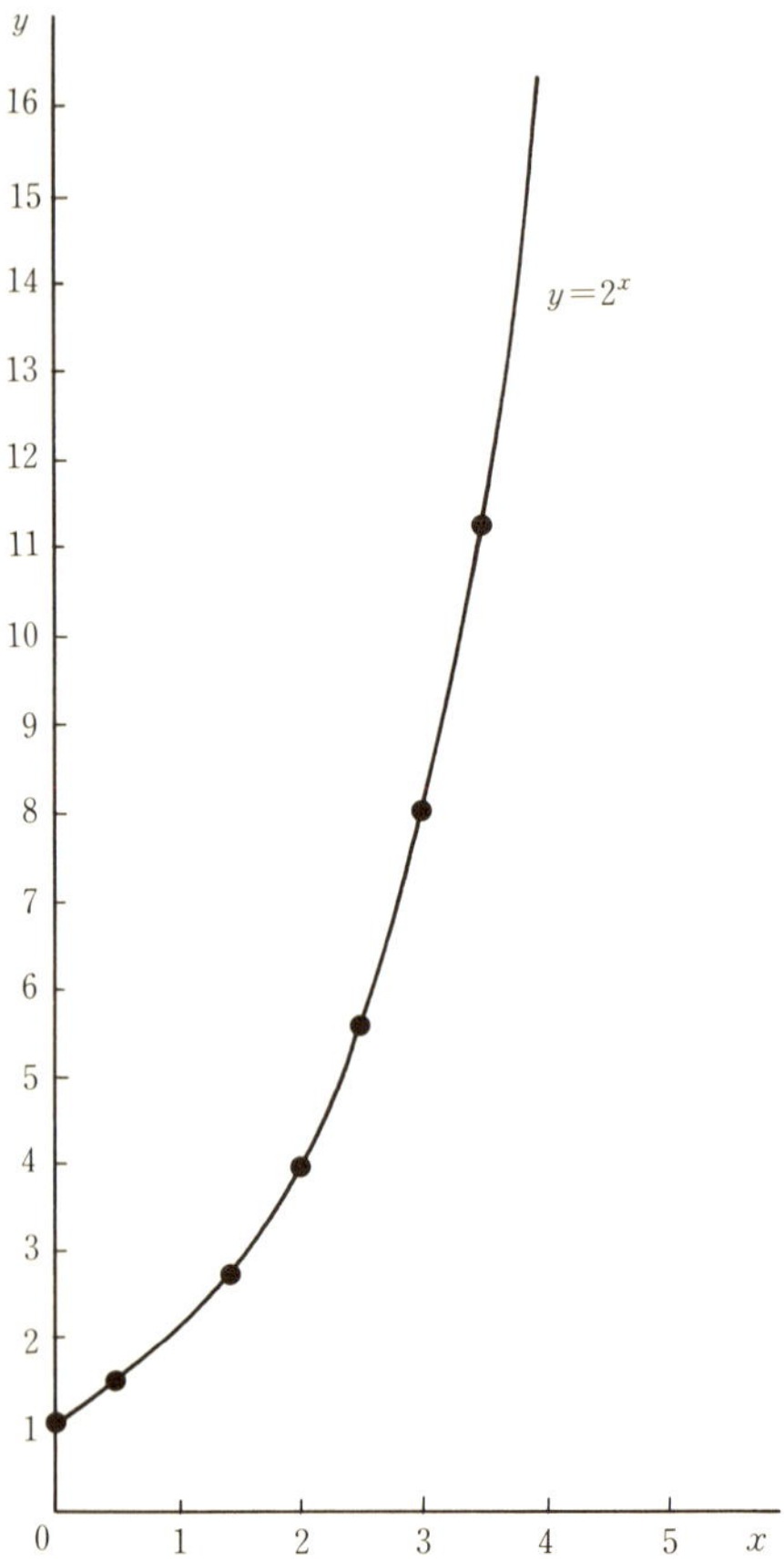

閑話休題

〝日本の城〟の美

一口に〝城〟といっても、英仏のものと日本のものとは、堀や城壁をめぐらせている以外は、外形も材質もおおいに異なる。しかし、迷路をもち、陰謀、奸計、暗殺などや幽霊の伝説あり、で外観ほど美しいものではないという共通点がある。

日本の城の屋根のソリは、「サイクロイド曲線」の一部といわれる優美なものである。

端整な形の岡山城

（近くに三大名園の１つ〝後楽園〟がある）

城壁に飾りを兼ねた銃眼がある

答の（ついて）ない問題

● ミステリー問題

● ミステリーな図形

(1)　おばけ立体

見方によって，「まる，三角，四角に見える立体」はどんな形か。

上からは
まるいよ
横から
見ると
三角だ
正面から
見ると
四角だ

(2)　おばけ煙突

4本の煙突が電車内から1本，2本，3本，4本に見える位置を線路上に描け。

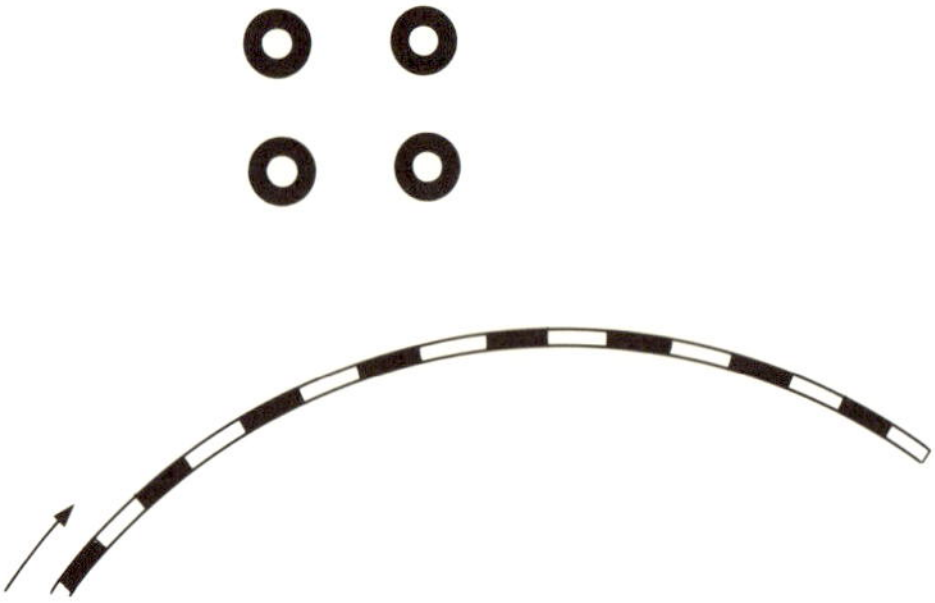

（関連する章：第1章　ミステリー・サークルとストーン・ヘンジ）

●ミステリーな球面

(1)　平行線のない世界

経線はすべて赤道に垂直だが，極でみな交わる？

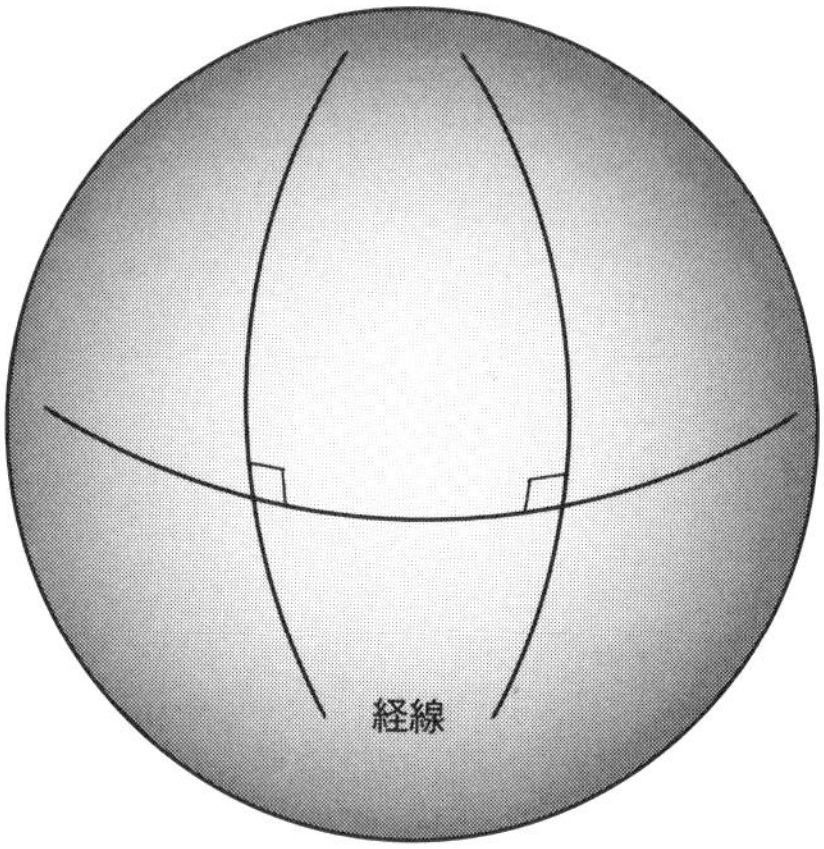

(2)　２点の最短距離

球面上の２点A，Bを結ぶ最短距離とは？

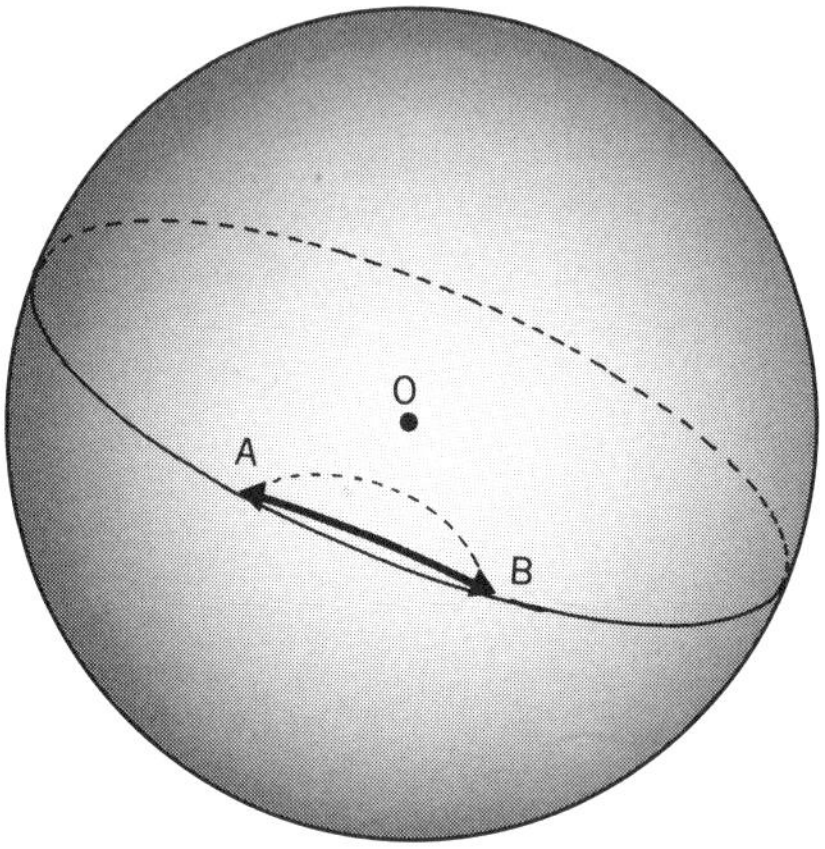

(関連する章：第2章　経線0°の英仏争い)

(1) 日本古来の尺貫法の単位にどんなものがあるか。

(2) 一寸法師、尺八、一里塚、千石船など、日常用いる語に尺貫法の入ったものがある。その例をあげよ。

(関連する章：第3章　メートル法の創案とフランス革命)

●ミステリー方形

(1)　三方向まるく収める

1～16 の数を入れて，縦，横，斜めそれぞれの数の和が等しくなるようにせよ。(魔方陣)

(2)　利巧な 6 羽の烏《からす》

猟師の 1 発のタマで 2 羽打たれないように烏《からす》は畑にいる。それをかけ。(ラテン方格)

（関連する章：第五章　英の統計・仏の幾何　誕生の背景）

●ミステリー道

(1)　愛する二人は会えるか

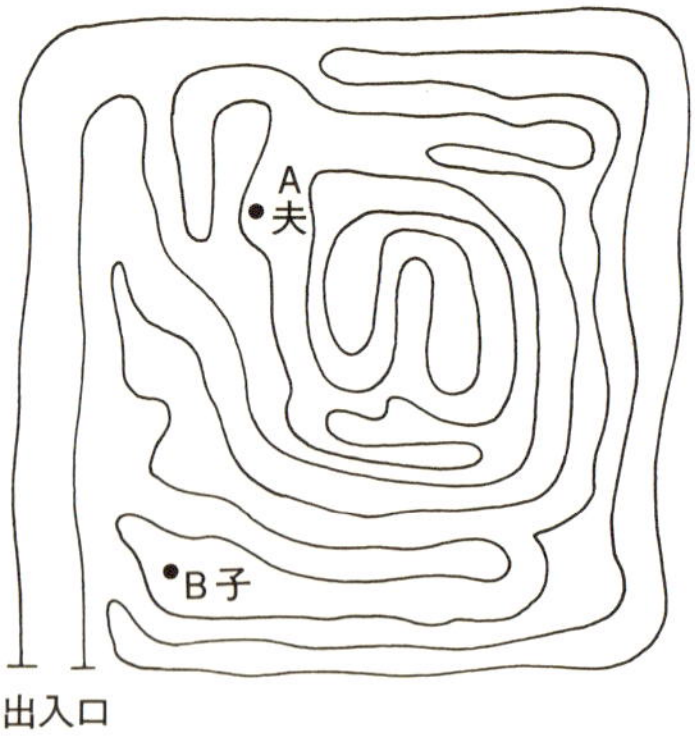

(2)　デートが終って結婚！

A夫とB子は毎日公園でおち合い，駅まで毎日ちがうコースで帰る。全コースを通ったら結婚する。何日後か？

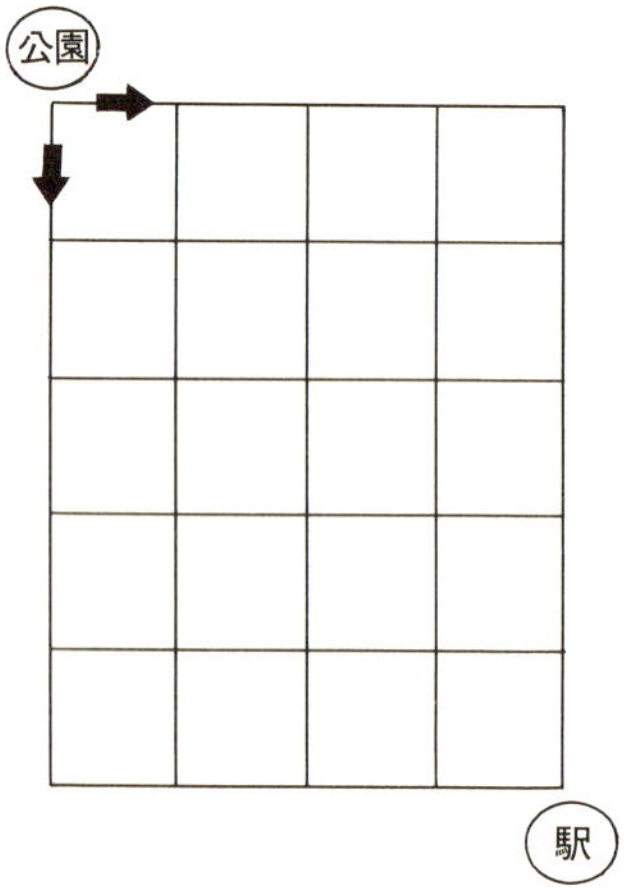

（関連する章：第4章　英仏"古城"のミステリー）

閑話休題

〝遺題継承〟

わが国独特の数学『和算』は、江戸時代三〇〇年間にほぼ完成しただけでなく、当時の世界的レベルにまで達したたいへん素晴らしいものであった。

これだけの発展をしたのには、次の三つが大きな原動力、推進力、そして向上力になった。

㈠ 遺題継承――図書出版では、著書の最後に〝答のない問題〟をのせ、読者に挑戦させた。

㈡ 社寺奉額――良い問題が作れると、それを「算額」にして神社、寺院に奉納。これを見た人々がこの問題に挑戦した。

㈢ 流派免許制――多数の流派があり、それぞれ秘伝をもって流派ごとに力を競う一方、各流派内では、免許制で学力を向上させた。

閑話休題《さて》、本書も、和算の伝統を守り、『答のついてない問題』を一七六ページ以降の巻末にのせた。読者の挑戦を期待する！

正解は、この〝和算流〟にマネて、次巻にでも述べることにしよう。

著者紹介

仲田紀夫

1925年東京に生まれる。

東京高等師範学校数学科，東京教育大学教育学科卒業。(いずれも現在筑波大学)

（元）東京大学教育学部附属中学・高校教諭，東京大学・筑波大学・電気通信大学各講師。

（前）埼玉大学教育学部教授，埼玉大学附属中学校校長。

（現）『社会数学』学者，数学旅行作家として活躍。「日本数学教育学会」名誉会員。

「日本数学教育学会」会誌（11年間)，学研「会報」，JTB 広報誌などに旅行記を連載。

NHK 教育テレビ「中学生の数学」(25年間)，NHK 総合テレビ「どんなモンダイQてれび」（1年半)，「ひるのプレゼント」（1週間)，文化放送ラジオ「数学ジョッキー」(半年間)，NHK『ラジオ談話室』（5日間)，『ラジオ深夜便』「こころの時代」（2回）などに出演。1988年中国・北京で講演，2005年ギリシア・アテネの私立中学校で授業する。2007年テレビ「BS ジャパン」『藤原紀香，インドへ』で共演。

主な著書：『おもしろい確率』(日本実業出版社)，『人間社会と数学』Ⅰ・Ⅱ（法政大学出版局)，正・続『数学物語』(NHK 出版)，『数学トリック』『無限の不思議』『マンガおはなし数学史』『算数パズル「出しっこ問題」』(講談社)，『ひらめきパズル』上・下『数学ロマン紀行』1～3（日科技連)，『数学のドレミファ』1～10『世界数学遺産ミステリー』1～5『おもしろ社会数学』1～5『パズルで学ぶ21世紀の常識数学』1～3『授業で教えて欲しかった数学』1～5『ボケ防止と“知的能力向上”！　数学快楽パズル』『若い先生に伝える仲田紀夫の算数・数学授業術』『クルーズで数学しよう』(黎明書房)，『数学ルーツ探訪シリーズ』全8巻（東宛社)，『頭がやわらかくなる数学歳時記』『読むだけで頭がよくなる数のパズル』(三笠書房）他。
上記の内，40冊余が韓国，中国，台湾，香港，タイ，フランスなどで翻訳。

趣味は剣道（7段)，弓道（2段)，草月流華道（1級師範)，尺八道（都山流・明暗流)，墨絵。

イギリス・フランス数学《すうがく》ミステリー

2007年7月7日　初版発行

著　者　仲《なか》　田《だ》　紀《のり》　夫《お》
発行者　武　馬　久　仁　裕
印　刷　株式会社太洋社
製　本　株式会社太洋社

発行所　株式会社　黎《れい》　明《めい》　書《しよ》　房《ぼう》

〒460-0002　名古屋市中区丸の内3-6-27 EBS ビル ☎052-962-3045
FAX052-951-9065　振替・00880-1-59001
〒101-0051　東京連絡所・千代田区神田神保町1-32-2
南部ビル302号　☎03-3268-3470

落丁本・乱丁本はお取替します。　ISBN978-4-654-00942-8